La Bildstria Gvido al

GENETIKO

Mi dediĉas ĉi tiun libron al

D-ro Carl Støp-Bowitz
D-ro Ralph A. Lewin
D-ro Stevens T. Norvell, Jr.

kiuj estis respektindaj
esperantistoj kaj biologoj,

kaj kiuj inspiris al mi kuraĝon
por la publikigo de la dua eldono.

La tradukinto

En Antikvaj Tempoj...

niaj prauloj havis
rektan scion pri naturo.
En tiuj tagoj, ĉiu estis
biologo, kaj la mondo
estis klasĉambro!

Oni diras, ke en unuaj malklaraj pensoj homoj ne distingis inter **vivaĵoj** kaj **senvivaĵoj.** Ili supozis, ke ĉio estas viva, kaj ĉio fariĝis taŭga objekto de "biologia" esploro.

Tio inkludis arbojn···

Ili mo- viĝas!

Ili mo- viĝas!

···bestojn···

··· kaj eĉ la ŝtonojn!

Aŭ! Ili mo- viĝas!

En Antikvaj Tempoj...

niaj prauloj havis
rektan scion pri naturo.
En tiuj tagoj, ĉiu estis
biologo, kaj la mondo
estis klasĉambro!

Oni diras, ke en unuaj malklaraj pensoj homoj ne distingis inter **vivaĵoj** kaj **senvivaĵoj.** Ili supozis, ke ĉio estas viva, kaj ĉio fariĝis taŭga objekto de "biologia" esploro.

Tio inkludis arbojn···

···bestojn···

··· kaj eĉ la ŝtonojn!

Dum siaj studoj, niaj prauloj devis rimarki evidentan fakton: io emas sin **reprodukti.**

Homoj faris tion···

···mamutoj faris tion···

Bedaŭrinde!

···kaj tre probable, al la primitiva menso, ŝajnis, ke eĉ rokoj povas "naski" malgrandajn ŝtonetojn!

Ĉu ne?

Multaj scienculoj kredas, ke primitivuloj ne rimarkis ligon inter reproduktado kaj seksumo. La naŭ monatoj inter koncipo kaj nasko estis supozeble sufiĉaj por malhelpi eĉ la plej saĝajn ŝtonepokanojn. Kian rilaton do havas seksumo kun la reproduktado de ŝtonoj?

Dum semajnoj mi rigardis ilin, kaj mi ne pensas, ke ili faras tion.

Ni devas konfesi, tamen, ke ĉi tiu teorio lasas nin iomete skeptikaj. Ŝajne povas esti, ke **viroj** ne rimarkis la ligon, sed ĉu **virinoj** estus povintaj preteratenti tion, kio okazis al ilia korpo?

Ĉu vi iam rimarkis ion strangan pri beboj kaj seksumo?

Jes... Vi ne povas havi unu sen la alia...

Nu... Ne hontu..

Kleriĝo venis, laŭ ĉi tiu teorio, kiam homoj unuafoje **malsovaĝigis bestojn** kaj rigardis ilian reproduktan ciklon de proksime kaj ofte: sekskuniĝon en unu sezono kaj naskon en alia.

Ĉu vi diras, mi... kiel ŝafo — fo...fo...?

Devis esti granda ŝoko trovi, ke viroj havas ian rilaton kun la naskiĝo de infanetoj. Oni diras, ke tio kaŭzis grandajn ŝanĝojn en societo, kiel la patran tagon, procesojn pri patreco, geedziĝon, kaj la patriarkecon. Sed ĉi tio estas biologia libro, kaj ni ne tuŝos tiajn aferojn plu.

Kune kun tio venis
la nocio, ke **patro
generas tian idon,
kia estas la patro**
— la unua ideo
vere genetika. Kaj
tiel komenciĝis

PRAKTIKA GENETIKO,

aŭ **"selekta bredado."**
La brutistoj komencis
kontroli la pariĝon de
siaj bestoj, selekti
la "plej bonajn"
specimenojn por
reproduktado,
kaj forigi la
"plej mal-
bonajn."

Kontraŭ-
natura!

Rezulto?

Raso de fortaj, rezistaj,
sovaĝaj bestoj reduktiĝis
al iu obeema, lanriĉa,
kaj ŝafeca!

Kuĉjoj!
Kio okazis al vi?

(Suspiro)
Triumfo de prak-
tika genetiko...

Samtempe homoj malsovaĝigis ankaŭ vegetaĵojn.

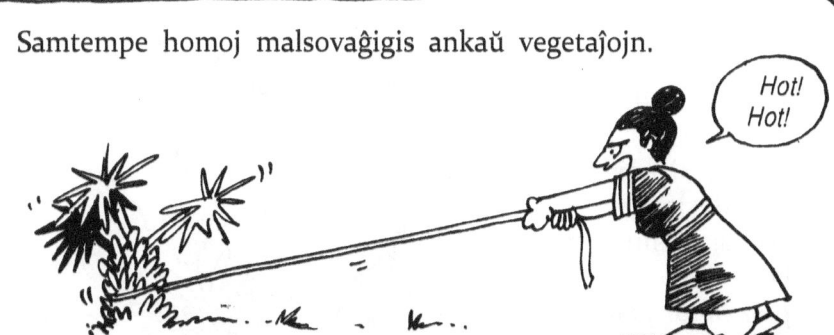

Unuaj terkultivistoj uzis la samajn metodojn kiel la brutistoj, elsarkante nedeziratajn rasojn kaj semante nur la plej bonajn semojn.

Tio okazis preskaŭ ĉie en la mondo. Magraj herboj iom post iom ŝanĝiĝis al riĉaj, produktivaj rikoltaĵoj. Rizo, tritiko, hordeo, kaj daktilo en Azio; maizo, melopepo, tomato, terpomo, kaj pipro en Ameriko; ignamo, arakido, kaj kukurbo en Afriko — ĉiuj speciale plibonigitaj de homoj!

Ankaŭ vegetaĵoj seksumas. Ili nur estas malpli bruaj pri tio ol animaloj. Jam de longe homoj atentis pri la graveco de **polenado:** polena polvo devas fali sur floron, antaŭ ol ĝi povas produkti fekundajn semojn.

Filino, mi parolu pri la birdoj kaj la homoj...

Mi jam konas tion...

Tamen -

La unuatempaj kultivistoj vere ne sciis, **kial** polenado efikis — tial ili aldonis iom da **magio,** nur por esti prudentaj…

Ĉi tiuj estas asiriaj pastroj polenantaj daktilarbon, ĉirkaŭ 800 a.K.

Kio okazus, se ni ne portus ĉi tiujn birdovestojn?

Fu! Fu! Kiujn birdovestojn, homajn?

La kombino de scienco kaj magio estas bone ilustrita per rakonto el la Biblio. **Genezo,** Ĉapitro 30, aŭ..

LA KAZO DE LA BRUTARO DE JAKOBO

En ĉi tiu rakonto, la patriarko **Jakobo** konsentas paŝti la brutaron de sia bopatro, **Labano.** Kiel rekompencon, Jakobo estas promesata preni ĉiujn "mikskolorajn kaj makulitajn" kaprojn por si mem, dum Labano tenos la pure nigrajn. La du gregoj ne devos esti interbreditaj.

Jakoba grego   Jakobo   Labana grego

La Biblio detale priskribas la jakoban **magion de fekundeco.** Li senŝeligis bastonojn el verdaj poploj, "tiamaniere, ke la blankaĵo sur la bastonoj elmontriĝis." Poste li metis ilin apud akvotrinkiga kanalo.

9

La ideo malantaŭ la agoj de
Jakobo estas, ke patro generas
tian idon, kia estas la patro:
per la montrado de la blankaĵo
sur la bastonoj, li provis
aperigi la blankaĵon sur
la nigraj brutoj de Labano!
Ĉi tio nomiĝas **simpatia magio.**

La punkto, por diri genetike, estas jena: fakte la pure nigraj
kaproj **naskis makulitajn idojn** — kaj tiel la brutaro de Jakobo
multnombriĝis! Kial?

Ni revenos al ĉi
tiu temo poste!

Ĉi tie ni vidas precizan genetikan observon kaj samtempe
preskaŭ tutan mankon de kompreno.

Certe Labano ne
komprenis tion!

Aliaj genetikaĵoj el antikva historio:

La ĉinoj trovis "valsantajn musojn" — mutacio, kiu igas la bestojn ŝanceliĝi rondirante.

La hindoj observis, ke eble certaj malsanoj "aperas en la familio." Cetere ili fariĝis kredantaj, ke infanoj heredas ĉiujn trajtojn de siaj gepatroj. "Homo de malnobla deveno neniam povas eskapi de siaj originoj," diras la Leĝoj de Manu.

La bazo de la kastismo!

Ksenofono, greko, diris jene pri la bredado de ĉashundoj:

Havigu al vi bonan hundon por la celo.

Kelkaj aliaj grekoj, pensante pli profunde ol Ksenofono, disvolvis la unuajn verajn **teoriojn de heredeco** — Alivorte, ili faris la demandon: "Kial infanoj similas siajn gepatrojn?"

Krom tiuj, kiuj similas la laktiston?

Fakte iu filozofo, **Sokrato,** scivolis, kial de tempo al tempo ili ne similas. Li kutime diris, ke la filoj de grandaj ŝtatistoj estas ordinare maldiligentaj kaj utilas por nenio. Ni devas ĉiam memori, ke ne ĉiu kvalito herediĝas.

Malfeliĉe, pro tia neretiriĝanta honesteco, Sokrato provokis la atenanojn kondamni lin al morto.

Posta filozofo!

La plej kohera greka teorio de heredeco estis tiu de la fama kuracisto **Hipokrato**.

↖ Hipokrata ĵuro

Hipokrato rekonis, ke la vira kontribuo al la heredeco de infano estas portata en la **spermo**. Analogie li supozis, ke troviĝas simila fluidaĵo en virinoj.

Nur por ✳⊘✦$ ✖⊘@ċ!

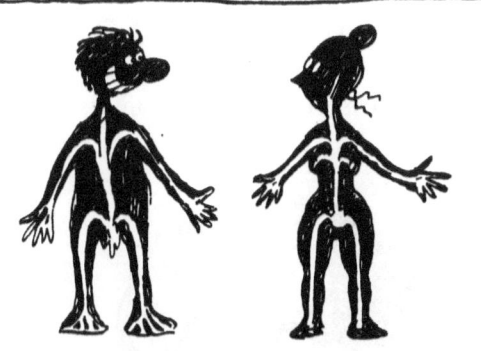

Ĉi tiuj fluidaĵoj, laŭ lia rezono, estas faritaj tra la korpo kaj poste kolektiĝas en la reproduktaj organoj.

La spermo el la fingroj havas la materialon por fari pli da fingroj; tiu el la haro faras haron, kaj tiel plu, ktp, ktp···

Ĉe koncipo, batalo okazas inter la fluidaĵoj, kaj ĉu la manoj de la infano estas pli similaj al tiuj de la patro aŭ de la patrino, dependas de tio, kies fingro-fluidaĵo   elvenkas!

13

Bedaŭrinde la greko, kies ideoj plej multe influis postajn generaciojn, ne estis Hipokrato, sed **Aristotelo.** Kiam temis pri scienco, Aristotelo neniam igis sian nescion malhelpi liajn teoriojn!

Biologio? Mi povas fari ĝin kun miaj okuloj fermitaj!

Aristotelo — nomata "la peripatetiko", ĉar li paŝis dum li lekciis — kredis, ke ĉiu heredaĵo venas de la **patro.** Li diris, ke la maskla spermo determinas la formon de bebo, dum la patrino nur provizas per la materialo, el kiu la bebo estas farita···

Sed, Arĉjo — De kie do venas **knabinoj**?

Jes, estis tute ne eble akcepti tion. Ĉi tio ŝajnis implici, ke ĉiuj infanoj devas esti knaboj. Kiu konas? Eble ĉi tio malkaŝis ian subkonscian volon de Aristotelo. La antikvaj grekoj taksis knabojn pli alte ol knabinojn.

Kies fluidaĵo faris miajn makulojn?

Bela teorio… krom tio, ke ĝi ne klarigas pri infanoj, kiuj malsamas **ambaŭ** gepatrojn! Brunokulaj homoj ofte havas bluokulajn bebojn, kaj ne forgesu la makulitajn kaprojn de Jakobo.

Iu filozofo, **Empedocles,** pensis, ke tio eble rezultas el la sopira rigardado de la patrino al statuoj dum ŝia gravedeco.

Iun problemon, sinjorino? Ĉu vi ne hontas?

Greka civilizacio pereis, sed ···

SCIENCO DAŬRE MARŜAS!

La greka mantelo estis transdonita al la

ROMIANOJ,

al kiuj neniom plaĉis filozofio. Ili preferis la teknologion de morto al la scienco de vivo.

Kio estas via krimo?

Filozofio...

La sola genetika ideo de ili aldonita estis tio, ke ĉevalinoj povas fekundiĝi de la vento.

Neniam efikis al mi. Mi devos stari en alia direkto.

Dum

MEZ-EPOKO

scienco velkis plu. Teorioj de heredeco cedis al simplaj listoj de "monstraj" naskiĝoj.

Kelkaj el ili povas esti veraj — sed kion ni devos pensi pri rakontoj, kiel duono de bova korpo falinta el ĉielo kun tondro?

Ĉiam povas esti, ke ĝi estis nur blufaĵo··· aŭ ies elpenso por ŝerco···

Jes... Tio rememorigas al mi iun rakonton pri la priorino, la ĉefdiakono, kaj la dukapa porko..

Unu mezepoka ideo aparte malhelpis intelekton. Ĝi nomiĝis:

SPONTANEA GENERADO

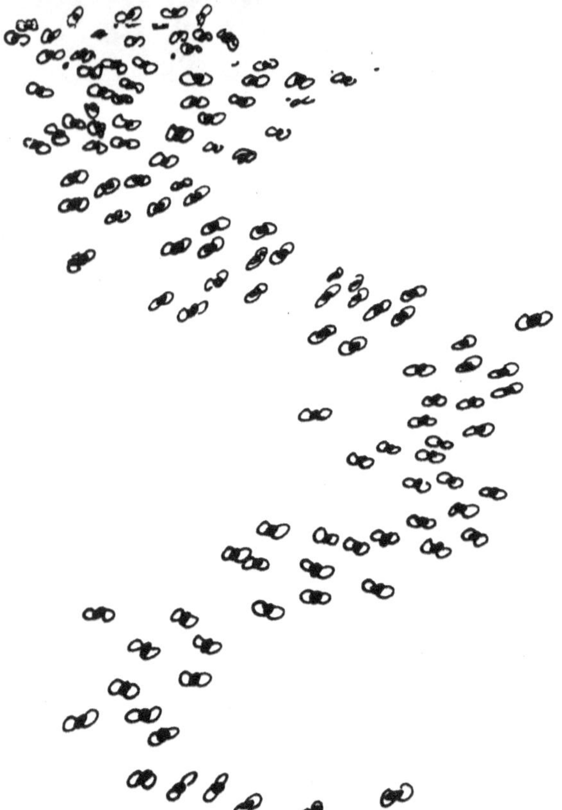

Deveninta de la grekoj, ĉi tio estis la kredo, ke **vivulo** povas estiĝi ("spontanee") el nevivaĵo.

Larvoj estis supozitaj estiĝi el putra viando··· ĉevalharo fariĝis vermoj··· kaj ranoj, musoj, kaj insektoj estis nenio alia ol ŝlimo viviĝinta!

Vi ne povas diri, ke malnova kiraso ne generas pulojn.

Ne estis malfacile imagi, kial spontanea generado ŝajnis kredebla: en mondo, kie ŝlimo estis ordinara, oni vidis ĝin okazi ĉiutage!

Ĉu vi vidas, kiel kredo je spontanea generado konfliktas kun "genetika" pensado? Se rano estiĝas el ŝlimo, ĉu ne estas senutile paroli pri hereditaj kvalitoj?

Ne multe da familia simileco, ĉu?

Sed — kiel ni menciis, scienco daŭre marŝis···

kaj en la 17-a jarcento, simpla eksperimento sukcese defiis spontanean generadon.

21

La elegantan
demonstradon
faris la italo
Francesco Redi.

Kiam
la tempo
estas
ĝusta,
la homo
devas
preti aŭ
pRedi!

Redi metis pecojn da freŝa viando
en potojn. Iujn el la potoj li kovris
firme per muslino, dum li lasis
la aliajn liberaj al muŝoj.

Post kiam kelka tempo pasis, Redi
trovis larvojn nur en la nefermitaj
potoj.

La larvoj kreskis, malmoliĝis al
kokonoj, kaj fine elflugis kiel
plenformaj muŝoj.

Tiel Redi montris, ke larvoj estiĝas el
muŝoj, kaj muŝoj estiĝas el larvoj.
Nenio videbla "spontanee generiĝis"
el la putriĝinta viando!

22

Sed la "spontaneaj generantoj" ankoraŭ ne malaperis.

Nu, ni ne pravis pri **muŝoj**... Ne gravas!

Homoj ankoraŭ kredis, ke puloj estiĝas el sablo, kurkulioj el greno, angiloj el la roso, kaj tiel plu, ktp, ktp.

* *

Puloj, angiloj, kaj kurkulioj laŭvice fariĝis studaĵoj de **Anton van Leeuwenhoek,** nederlanda amatora sciencisto, kiu la unua sistematike uzis la **mikroskopon.**

De kie do homoj venas?

Hospitalo

23

Per sia simpla instrumento — vere nur bonega okulario — Leeuwenhoek sekvis la vivhistorion de diversaj malgrandaj vivuloj. Lia traktaĵo pri la pulo estas klasikaĵo!

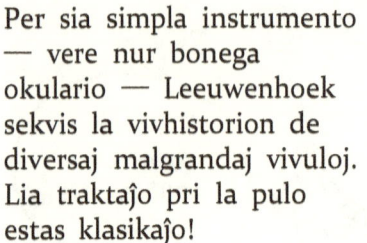

"Ĉi tiu eta kaj malŝatata estaĵo," [li skribis] "estas dotita per tia perfekteco kia iu ajn granda animalo."

Dankon, Anĉjo!

Li malkovris, ke la pulo, same kiel fiŝoj, hundoj, kaj homoj, estas **seksa estaĵo.**

Atentu pri miaj vortoj: libera esploro nur povas konduki al libera amo.

Jes, Leeuwenhoek jam koruptis la moralojn de la pulo!

La nederlanda sciencisto faris du pliajn gravajn malkovrojn.

Li estis la unua, kiu vidis **bakteriojn,** la ultra-etajn vivulojn, kiuj fariĝis tiel gravaj por esplorado de moderna genetiko.

Li ankaŭ malkovris la ekziston de **spermatozoaj ĉeloj.** Ekzamenante spermon, Leeuwenhoek vidis milionojn de ĉi tiuj etegaj "vermoj."

Iuj povos diri, ke ĉi tiu malkovro "malfermis tutan poton de vermoj" … alivorte, ke ĝi naskis erarajn ideojn. Ekzemple, Leeuwenhoek mem kredis, ke ĉiu spermatozoo entenas kompletan novan vivulon, miniaturan.

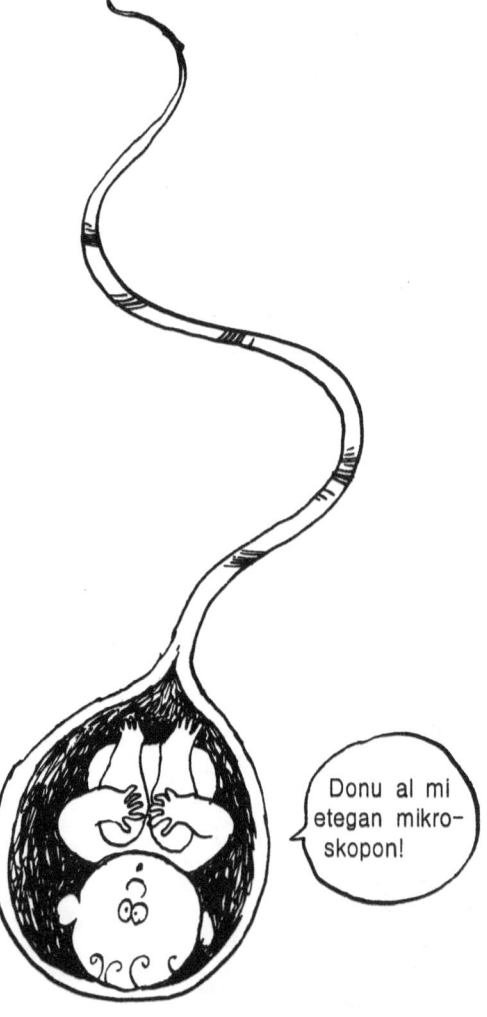

La evidenta problemo estis: se ĉi tiu "antaŭformita" vivulo estas knabo, ĝi jam devos havi etegajn testikojn, kiuj enhavos miniaturajn spermatozoojn, ĉiu el kiuj havos eĉ pli etegajn antaŭformitajn vivulojn. *Ad infinitum et absurdum!*

Donu al mi etegan mikro-skopon!

EX OVO OMNIA

(Tiel longe, kiel ni parolas en la latina!)

Dum Leeuwenhoek spekulativis pri spermatozooj, aliaj sciencistoj estis studantaj pri la virina rolo en reproduktado.

Signora! Mi vidu viajn organojn! Mi estos scienca...

Ŝri-i-j-k!

Signor Fallopio! Retenu vin!

William Harvey (1578-1657) studis la evoluon de la kokideta embrio kaj konvinkiĝis, ke **ĉiuj** animaloj devas estiĝi el **ovoj**.
"Ex ovo omnia," li diris: "El ovo, ĉio."

Harvey komencis ĉasi la **mamulan ovon.**

Li persvadis la reĝon, ke ĉi tiu permesu al li serĉi mamulajn ovojn en la reĝa cervoparko. Post multe da cervoj dissekcitaj, Harvey devis konfesi malsukceson.

(Suspiro) Supozu, ke mi demetis ovon...

Ex ovo omleto!

Dum 200 jaroj la ĉaso daŭris··· kaj ankoraŭ neniu povis trovi la malapereman ovon.

Ne estis malfacile kompreni, kial ne. La mamula ovo ne nur estas mikroskopa, sed ĝi ankaŭ estas treege rara.

Mamuloj "demetas" tre malmulte da ovoj aŭ, pliĝuste dirite, ovoloj: homa femalo produktas nur po unu ĉiumonate, kontraste al la viro kaj liaj kelkdek milionoj da spermatozooj.

Sentaŭgulo!

Sed la serĉado daŭris. Estis solidaj kialoj por kredi, ke mamuloj havas ovojn: ni havas ovariojn kaj ovoduktojn. Estos stultege ne havi ankaŭ ovojn.

Jes, homoj estas nur altgrade evoluintaj kokoj!

Fakte sciencistoj fariĝis tiel certaj pri tio, ke troviĝas ovoj, ke, kiam fine unu estis trovita, — hunda ovo, en 1827 — tio alportis pli da trankvilo ol surprizo!

He! Hundoj havas ovojn!

Hej ho!

Venu ĉi tien!

Mi vidis ĝin!

He!

(Suspiro) Tempo venis...

La sole restanta enigmo solviĝis, kiam Oscar Hertwig observis, ke **fekundiĝo** estas la unuiĝo de unuopa spermatozoo kun unuopa ovolo.

Vi ne estas unuopa plu!

29

Intertempe,

oni faris progresojn por la demando pri **vegetaĵa seksumo.**

Ĝis 1700, la seksa naturo de vegetaĵoj grandparte solviĝis fare de **Camerarius** (1665-1721), kies nomo eĉ sonas kiel vegetaĵo.

Camerarius montris, ke **floroj** portas seksorganojn, ĝuste kiel tiujn de animaloj.

Kaj ili ŝovas ilin ĝuste en la aero... Hontinde!

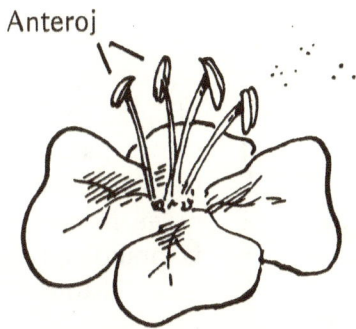

Anteroj

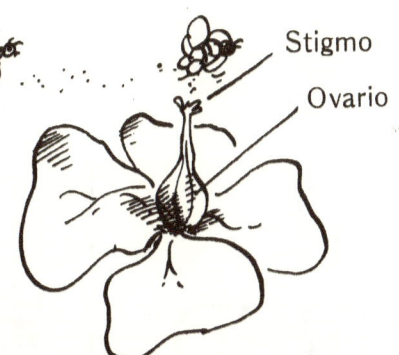

Stigmo

Ovario

La virseksaj partoj, **anteroj**, entenas polenon, kiu estas kiel spermatozooj de animaloj.

La inseksa parto estas la **stigmo**, al kiu la poleno alfiksiĝas.

La poleno (aŭ parto el ĝi) poste penetras en la ovarion kaj disvolvas semojn.

Komplika afero estas, ke multaj floroj havas kaj virseksajn kaj inseksajn organojn, kaj tial ili povas fekundigi sin mem.

Tiel —
Ĝis la fruaj 1800-aj jaroj, kaj plantoj kaj animaloj fariĝis konataj kiel seksaj… la masklo kontribuas polenon aŭ spermatozoojn, kaj la femalo ovolojn. Spontanea generado preskaŭ malaperis.

Mia patrino diris, ke beboj estiĝas el brasikaj folioj.

Ĉu vi nomas mian patrinon mensogulino?

ĈU BREDI AŬ NE BREDI ?

Malgraŭ ĉiuj tiuj ĉi paroloj pri sciencistoj, ni ne forgesu la praktikajn genetikistojn —

nome, la kultivistojn kaj brutistojn, kiuj faris ĉiujn malpurajn laborojn en la kampoj.

Pardonon!

Ankaŭ por ili la frua 19-a jarcento estis tempo de granda progreso, kiam praktikaj demandoj pri la kultivado kondukis, pli-malpli rekte, al la malkovro de la geno.

Ni vidu, kion ili jam konis el sperto:

1 Iuj **stabilaj varioj** preskaŭ ĉiam naskas la puran idaron, kiu havas la samajn karakterizaĵojn kiel siaj gepatroj. Kelkaj konataj ekzemploj estas Mackintosh-pomoj, arabaj ĉevaloj, Labrador-ĉashundoj, homoj kun bluaj okuloj, ktp, ktp, ktp.

Aliflanke aliaj bredgrupoj montras grandan variadon. La brutaro de Jakobo estas ekzemplo de varianta koloro. Homoj kun brunaj okuloj povas havi bluokulajn infanojn.

2 De tempo al tempo estas eble parigi gepatrojn el du malsamaj varioj por fari

HIBRIDOJN.

Ekzemple, mulo estas duonĉevalo kaj duonazeno. Kompreneble, ne ĉiuj hibridoj eblas!

Neeblaj hibridoj:

Porko/arbo

Homo/frago

33

Estas malfacile antaŭdiri pri hibridoj. Ili povos aspekti efektive identaj kun unu el la gepatroj, aŭ ili povos kombini trajtojn de ambaŭ — kaj kiam hibridoj brediĝas kun hibridoj, la rezulto estas ekstrema variado.

Malfacile kredi, ke vi estas mia fraĉjo!

3 Ĉiuj varioj, eĉ tiuj stabilaj, de tempo al tempo produktas **"monstrojn"** — idojn malsamajn ol ambaŭ gepatroj. Tiuj ofte montras difektegan "monstrecon"···

Nia infano estas malpuraĵo!

Melŝafo!

Sed iafoje la monstro malsamas nur iom, kiel la ŝafo kun mallongaj kruroj, kiu aperis ĉirkaŭ 1800.

34

Per krucado de ĉi tiuj monstroj ree kun normalaj specoj, kamparanoj de la 19-a jarcento sukcesis krei kelkajn novajn stabilajn variojn. Naskiĝis novaj specoj de tritiko, pizo, kaj frago, senkorna bovo, kaj krutakrura ŝafo.

Sed ĝi ankoraŭ estis afero de provoj kaj eraroj. Ĝi ne ĉiam sukcesis. Tial homoj komencis sin demandi, ĉu ne troviĝas scienca maniero por selektado de profitaj trajtoj, por krei novajn variojn.

Se ni bredus seskruran ĉevalon, ni povus venki ĉiujn!

Kaj trikrura homo povus meti unu piedon en la buŝon kaj ankoraŭ paŝi!

Tamen,

malgraŭ multa laboro,
malkovriĝis neniu vere ĝenerala
leĝo de heredo.

Iuj esploristoj sin konfuzis krucante rasojn,
kiuj malsamis je tro multe da karakteroj.

Aliaj malsukcesis kalkuli
la ĝustan nombron de
varioj
produktitaj el
ĉiu krucado.

Estas
malfacile
nombri
pulojn!

La problemo ja ŝajnis senespera.
Iom post iom sciencistoj fordonis
la penadon kaj sin turnis al pli
facilaj problemoj. Tio estis la kialo,
ke, kiam la leĝoj de heredo fine
elkompreniĝis, la malkovro estis
ignorita dum tridek jaroj.

MONAĤO TROVAS GENON;
MONDO OSCEDAS!

Kvindekjara esplorado malsukcesis trovi iun ajn precizan leĝon de heredo. Evidente la malkovro de la ĝusta formulo, se eblas, estis laboro postulanta superhoman paciencon, senliman tempon, kaj kiel ĝi okazis, miraklan ŝancon.

Ne estas mirinde, ke ĝi okazis en monaĥejo.

Gregor Mendelo (1822-1884) estis aŭgustena monaĥo el Brünn, Aŭstrio. En sia libera tempo, Mendelo bredis pizojn en la ĝardenoj de la monaĥejo.

Sed Mendelo ne estis nur amatora ĝardenisto, sed **sciencisto,** kiu studis siajn pizajn plantojn plej atenteme.
Li nomis ilin siaj "infanoj."

Kia paĉjo faras eksperimentojn sur siaj infanoj?

La elekto de la pizo estis mirakla ŝanco: ĝi perfekte konvenas al genetika esploro, kun multe da stabilaj varioj, kiuj povas formi hibridojn.

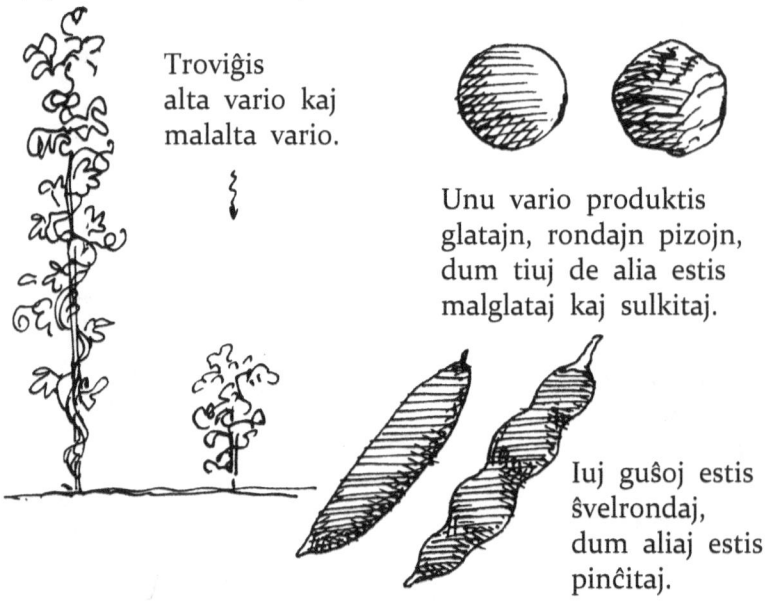

Troviĝis alta vario kaj malalta vario.

Unu vario produktis glatajn, rondajn pizojn, dum tiuj de alia estis malglataj kaj sulkitaj.

Iuj guŝoj estis ŝvelrondaj, dum aliaj estis pinĉitaj.

Troviĝis verdaj pizoj kaj flavaj; grizaj semŝeloj kaj blankaj; blankaj floroj kaj purpuraj. Estis diferencoj en la koloro de nematuraj guŝoj, en la koloro de semlakto, kaj en la pozicio de la floroj.

Ĉiuj pizaj floroj
havas kaj masklajn
kaj femalajn
organojn,
tial ili ordinare
fekundigas sin
mem.

Se ni ne
praktikas (hm!)
familian planadon!

Kiel Mendelo faris hibridojn:

Unue li detondis la anterojn,
ankoraŭ nematurajn, por
malebligi mem-
polenadon.

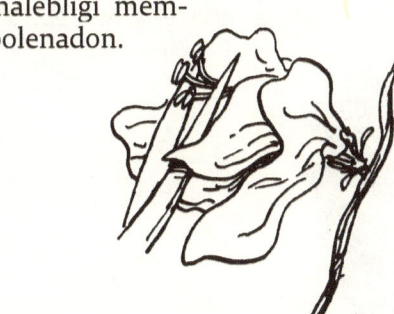

Poste li surŝutis la stigmon
per poleno prenita el la
dezirata "patro."

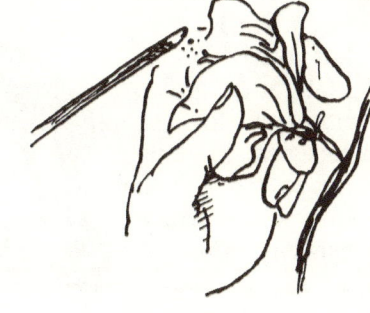

Fine, li ĉirkaŭkovris
la florojn per sakoj por
peli hazardan
polenon.

He! Mi
pensas, ke
la monaĥo
ludas
Dion!

Tiamaniere
Mendelo povis
kontroli
la devenon de
ĉiu generacio.

La unua ĉefa rezulto de Mendelo estis la malkovro de **domineco.** Kio okazis, kiam alta planto estis krucita kun malalta planto? Oni povus atendi mezaltajn plantojn, sed

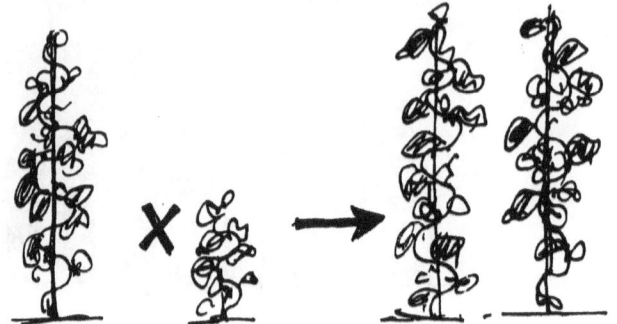

Fakte, ĉiuj hibridoj estis **altaj!**

Mendelo esprimis ĉi tion dirante, ke granda alteco estas **domina** al malgranda alteco (en pizoj!) La karakterizaĵo de malgranda alteco nomiĝas do **recesiva.** En ĉiu okazo troviĝis, ke unu karakterizaĵo estas domina.

Rondaj semoj estas dominaj al sulkitaj semoj; ŝvelrondaj guŝoj al pinĉitaj guŝoj; grizaj semŝeloj al blankaj semŝeloj, ktp, ktp, ktp···

Ne gravis, kiu el la gepatroj kontribuis la polenon kaj kiu la ovolon. Hibrido de alta planto kaj malalta planto estis ĉiam alta.

La amuzo ekvenas, kiam vi komencas bredi la hibridojn —

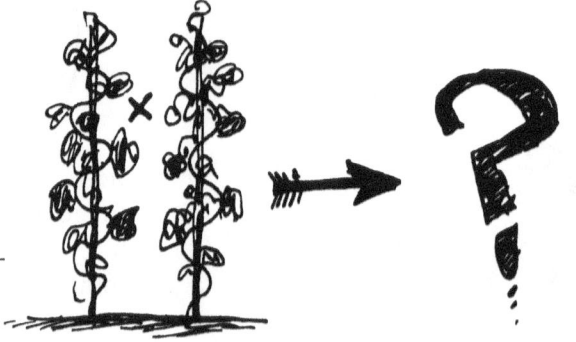

Kiam la hibridoj memfekundiĝis, ĉirkaŭ kvarono de iliaj idoj estis **malaltaj**.

La recesiva karaktero reaperis!

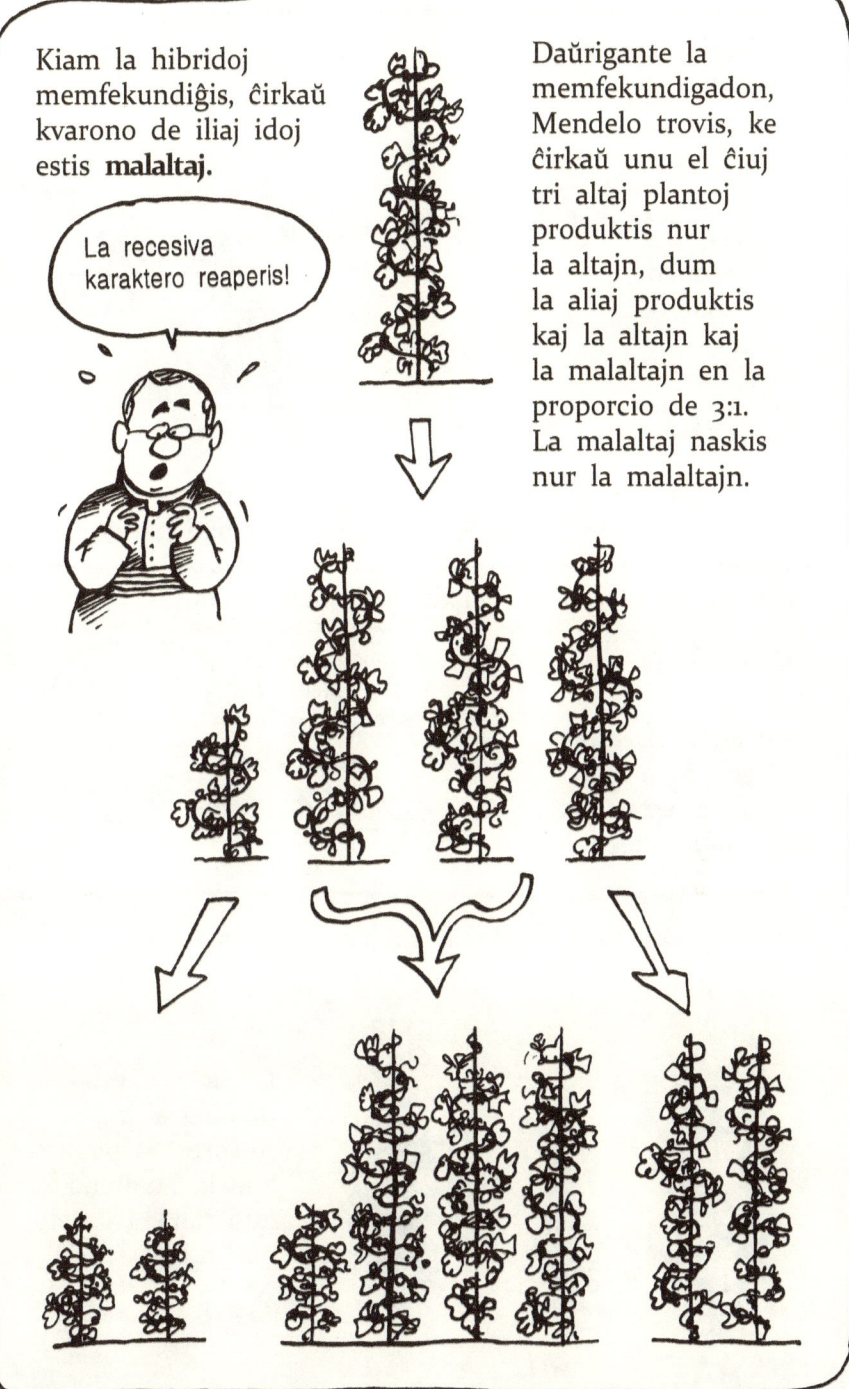

Daŭrigante la memfekundigadon, Mendelo trovis, ke ĉirkaŭ unu el ĉiuj tri altaj plantoj produktis nur la altajn, dum la aliaj produktis kaj la altajn kaj la malaltajn en la proporcio de 3:1. La malaltaj naskis nur la malaltajn.

La interpretado de Mendelo:

Troviĝas io en poleno kaj ovolo, kio decidas la altecon de pizaj plantoj. La "ion" ni nomas

GENO.

Ĉiu polena grajno kaj ovolo havas po unu genon por alteco, kaj tiel la planto formita de ilia unuiĝo havas **du.**

La geno povas esti unu el du malsamaj specoj, aŭ

ALELOJ.

Unu alelo, *A*, estas por **granda alteco;** la alia, *a*, estas por **malgranda alteco.**

Planto povas havi la samajn aŭ malsamajn alelojn.

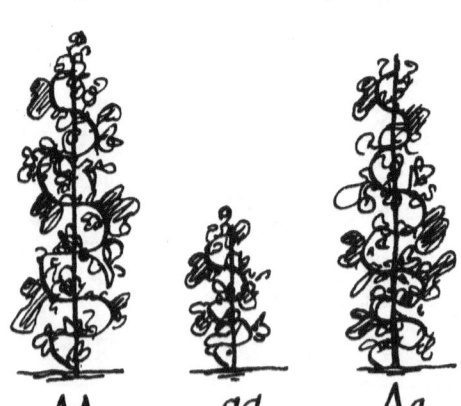

La alelo *A* estas **domina** al *a*. Alivorte, la planto kun la kombino *Aa* estas alta. La aleloj ne "miksiĝas."

Kio

okazas, kiam *AA* brediĝas kun *AA*?

Poleno kaj ovolo ricevas po unu kopion de la geno. En ĉi tiu okazo la aleloj estas samaj — *A* — tial ĉiuj idoj denove estos *AA*, aŭ altaj. Simile, *aa* povas naski nur *aa*. Ĉi tiuj estas la stabilaj grandaj kaj malgrandaj varioj.

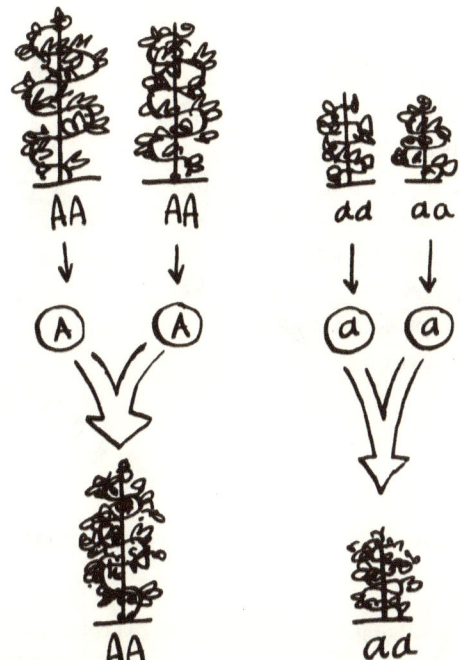

La unua hibrido de Mendelo estis de la krucado inter *AA* kaj *aa*: la poleno (aŭ ovolo) de *AA* enhavas nur *A*, dum la ovolo (aŭ poleno) de *aa* enhavas nur *a*.

Rezulto:

Aa, kiu estas alta.

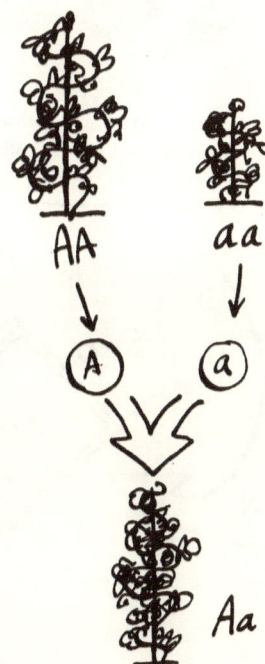

43

Kiam la hibrido memfekundiĝas, ĝiaj aleloj *A* kaj *a* apartiĝas hazarde inter la poleneroj kaj ovoloj. Kaj *A* kaj *a* aperas, kaj en preskaŭ egala proporcio.

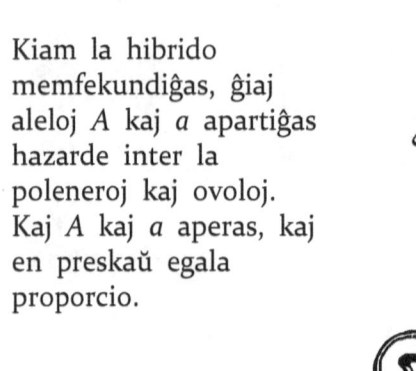
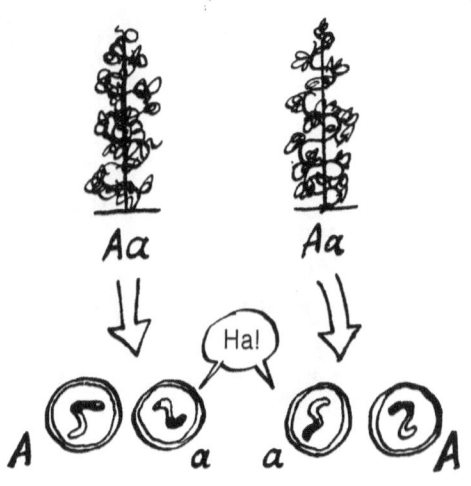

Kiam ovoloj kaj poleneroj unuiĝas, kvar eblecoj estiĝas:

| Malalta polenero, malalta ovolo | Alta polenero, malalta ovolo | Malalta polenero, alta ovolo | Alta polenero, alta ovolo |

kiuj estas resumitaj en ĉi tiu kvadrato: ĉiu ebla ido aperas en unu el la mal-grandaj kvadratoj.

Ovolo *A*   *A* Polenero

a   AA

a   aA   Aa

aa

Ĉi tie montriĝas denove la idoj de la hibrido, kiel Mendelo observis ilin. La unua generacio konformas al la krucada kvadrato.

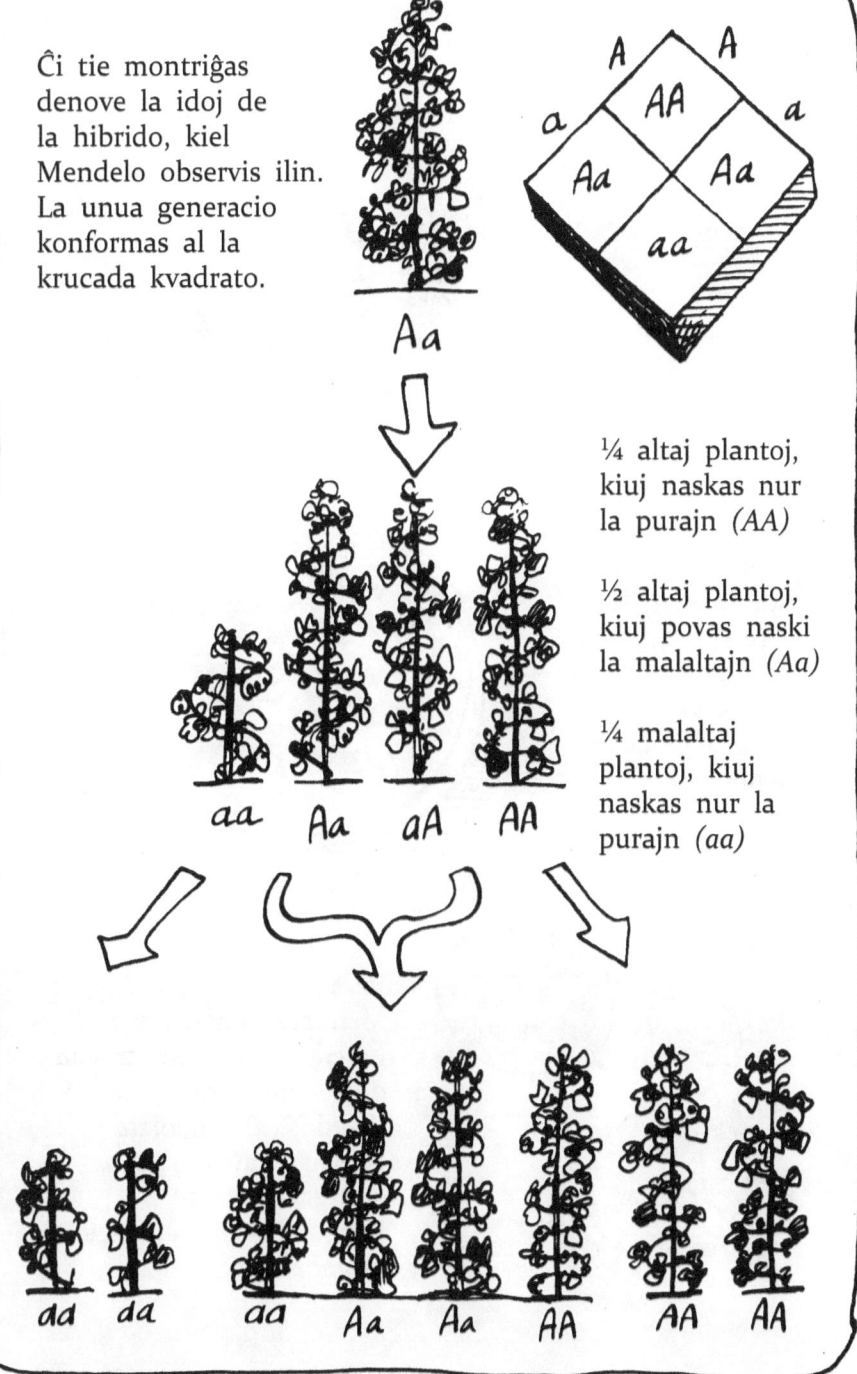

Aa

¼ altaj plantoj, kiuj naskas nur la purajn (AA)

½ altaj plantoj, kiuj povas naski la malaltajn (Aa)

¼ malaltaj plantoj, kiuj naskas nur la purajn (aa)

aa Aa aA AA

dd dd   aa Aa Aa AA   AA AA

Mendelo ankaŭ krucis glatpizajn plantojn kun la sulkitpizaj, purpurajn florojn kun la blankaj, kaj tiel plu, ktp, ktp. En ĉiu okazo, li trovis la karakteron kontrolata de unuopa geno kun du diferencaj aleloj, unu el kiuj estis domina al la alia.

Sekve, ŝajnis, ke kaj polenero kaj ovolo estas plenaj de ĉi tiuj malgrandaj "ioj," unu por ĉiu hereda karaktero de la organismo. Plenplena!

Kiel mi povos fari mian laboron en ĉi tia svarmo?

Vi ne bezonas labori: vi estas re-cesiva!

Dio scias, ke ili devas esti etegaj!

Eĉ sen vidi genon, Mendelo konkludis, ke heredeco estas kontrolata de ĉi tiuj "atomoj de heredo," kiuj neniam rompiĝas aŭ miksiĝas, konservante sian karakteron de generacio al generacio.

46

Fine Mendelo faris krucadon inter plantoj malsamaj je du karakterizaĵoj — ekzemple, alta planto kun glataj semoj kaj malalta planto kun sulkitaj semoj. La demando ĉi tie estas: ĉu alteco kaj glateco iel interrilatas, aŭ ĉu ili agas sendepende inter si, kiam la planto reproduktas?

Nomu la alelon por glataj semoj S, kaj tiun por sulkitaj semoj s.

S estas domina, tial

SS   Ss   ss

La krucado estas inter *AASS* kaj *aass*.

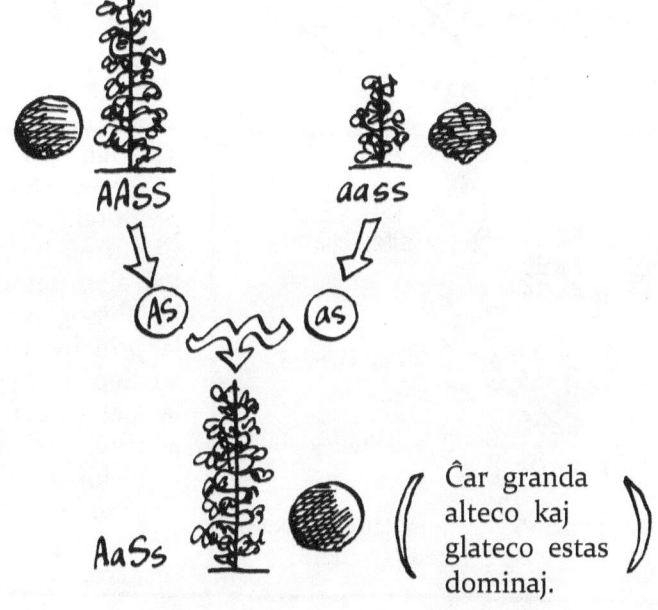

AASS   aass

AS   as

AaSs

(Ĉar granda alteco kaj glateco estas dominaj.)

47

Nun por la mempolenado de la hibrido:

Se la genoj por alteco kaj glateco apartiĝas unu sendepende de la alia, tiam ĉiuj ĉi tiuj eblaj poleneroj kaj ovoloj produktiĝos egale:

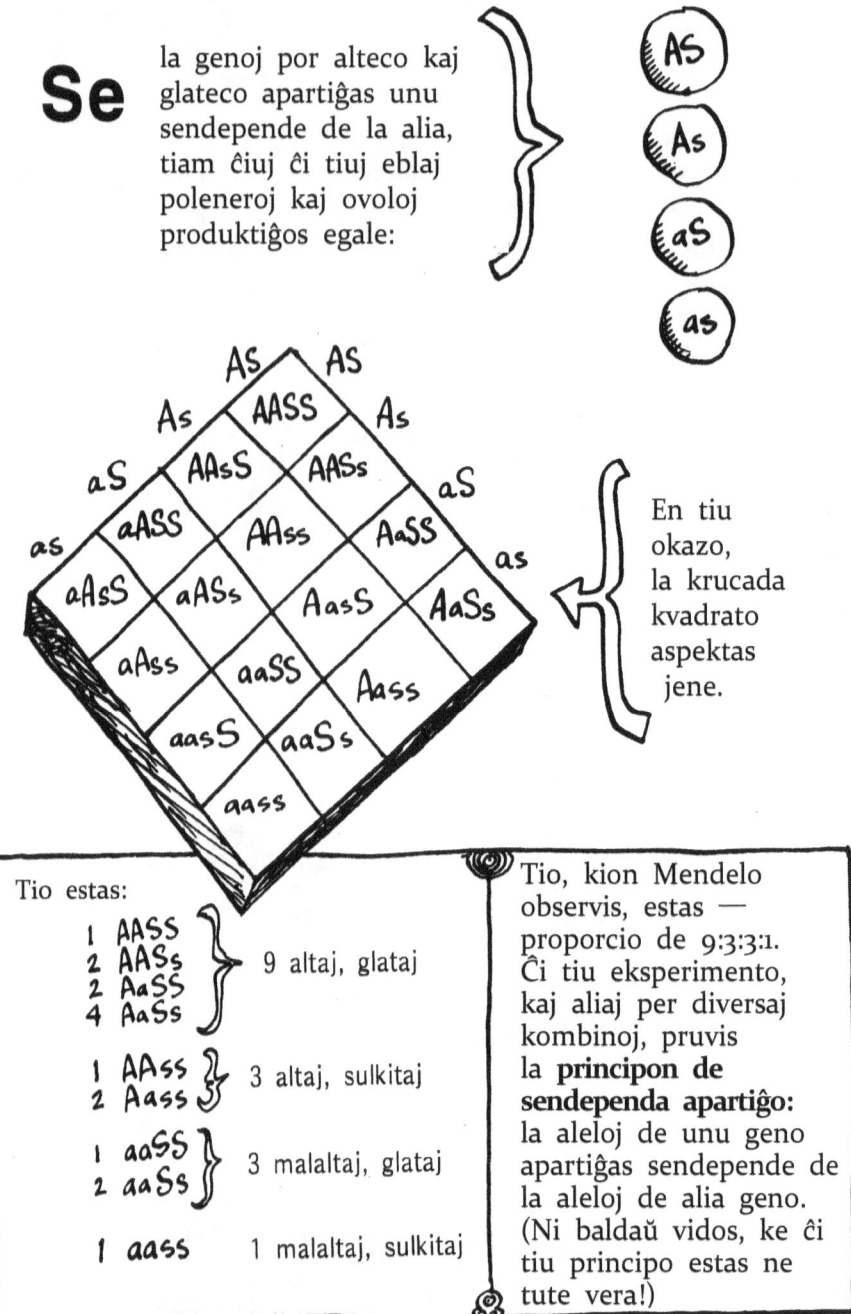

En tiu okazo, la krucada kvadrato aspektas jene.

Tio estas:

1 AASS
2 AASs
2 AaSS } 9 altaj, glataj
4 AaSs

1 AAss } 3 altaj, sulkitaj
2 Aass

1 aaSS } 3 malaltaj, glataj
2 aaSs

1 aass   1 malaltaj, sulkitaj

Tio, kion Mendelo observis, estas — proporcio de 9:3:3:1. Ĉi tiu eksperimento, kaj aliaj per diversaj kombinoj, pruvis **la principon de sendependa apartiĝo:** la aleloj de unu geno apartiĝas sendepende de la aleloj de alia geno. (Ni baldaŭ vidos, ke ĉi tiu principo estas ne tute vera!)

Ĉar nun ni vidis, kiel genoj funkcias, jen estas kelkaj genetikaj ĵargonoj, se vi ja volas subaŭskulti modernan genetikiston···

Ĉi tiu negoco kun GenTek signifas elefantan monsumon. Ni nun parolas pri rekombinitaj banko-kontoj, profesoro.

Nu, ne tiaspeca ĵargono···

Genetikistoj distingas inter la **fenotipo** de organismo — kiel ĝi aspektas — kaj ĝia **genotipo** — kiujn alelojn ĝi havas.

AA   *Aa*

Sama fenotipo, malsama genotipo

Organismo estas **homozigota** koncerne certan genon, se ĝiaj du aleloj estas samaj, kaj **heterozigota,** se ili estas malsamaj.

SS

Homozigota

Ss

Heterozigota

Nun vi konas, kion sciencisto volas diri per "fenotipe glata, genotipe heterozigota."

Jes... Nun diru al mi pri rekombini-taj banko-kontoj...

49

Parenteze — ni nun estas en pozicio kompreni la makulitan brutaron de Jakobo:

Klarigu ĝin al mi detale!

La alelo por nigra felo, nomu ĝin *B*, estis domina. Ankaŭ estis recesiva alelo, *w*, por blankaj makuloj. Multaj fenotipe nigraj bestoj kaŝis en si ĉi tiun *w*, tial iliaj idoj estis kelkfoje makulitaj[*].

En aliaj vortoj —

Tiuj senfeligotoj estis heterozigotoj!

[*]Fakte, la genetiko de fela koloro estas pli komplika, sed la principo estas sama: recesivaj aleloj.

Demando:

Se vi vidas dominan fenotipon, kiel vi povas diri, ĉu ĝi estas heterozigoto?

Ĉu estas ĝentile demandi?

Ekzemple en homoj, brunaj okuloj estas dominaj al la bluaj. Nomu la genojn *B* kaj *b*, respektive.

Kiel ni povas diri, ĉu ĉi tiu brunokululo estas *BB* aŭ *Bb*?

Unu maniero estas kruci lin kun recesiva homozigoto — t.e., bluokululino, *bb*.

Pardonon... Mi devas fordoni ĉi tiun eksperimenton... monaĥaj votoj, ĉu ne?

Bone··· ni uzos iun alian···

Blua

Bruna

Se iu ajn el la malgrandaj hibridoj havas bluajn okulojn, la brunokula patro devas esti **heterozigoto**, *Bb*.
Se li estus *BB*, ĉiuj infanoj estus *Bb*, kun brunaj okuloj.

Ekzemple, mia unua edzino havas brunajn okulojn, kaj mi havas bluajn okulojn. Unu el miaj filoj havas bluajn okulojn; unu havas brunajn okulojn. Sekve, mia unua edzino devas esti **heterozigoto**. (La bluokula knabo devas havi unu alelon de ŝi.)

Provu fari la kvadraton!

Ĉar nun la problemo solviĝis, ni divorcu!

Mia dua edzino havas bluajn okulojn kiel mi.
Se nia infano havas brunajn okulojn, kion ni devas pensi?
Vi prefere demandu al la laktisto!

Rigardu al mi en la okulojn!

Trankviliĝu, monstro!

Monstro? Ha··· Eble ĝi estis monstro··· Tio klarigos ĝin··· hi hi··· Pardonon···

52

Kelkaj ekzemploj de dominaj kaj recesivaj genoj de homoj:

★ Brunaj okuloj estas dominaj al bluaj okuloj.

★ Kolora vidkapablo estas domina al kolora blindeco.

★ Haraj kapoj estas dominaj al kalvaj kapoj.

★ La kapablo volvi langon estas domina al la nekapablo volvi langon.

★ Ekstraj fingroj estas dominaj al kvin fingroj (strange, sed vere!).

Duobla dozo da recesivaj aleloj ankaŭ kaŭzas tiajn maloftajn malsanojn, kiel hemofilion, serpoĉelan anemion, Tay-Sachs-sindromon, talasemion, nanecon.

Por resumi...

1. 2. 3. 4. 5. 6.

Miaj ĉefaj rezultoj:

1. Heredaj karakteroj estas regataj de genoj, kiuj retenas sian identecon en hibridoj. Genoj neniam miksiĝas kune.

Neniu kompromiso kun recesivoj!

2. Unu formo ("alelo") de geno povas esti **domina** al alia. Sed recesivaj genoj elaperas poste!

La sekreto de miaj makulitaj kaproj!

3. Ĉiu adolta vivulo havas du kopiojn de ĉiu geno — po unu de ĉiu el la du gepatroj. Kiam spermatozooj kaj ovoloj produktiĝas, ĉiu el ili ricevas unu kopion.

4. Diversaj aleloj apartiĝas al spermatozoo kaj ovolo hazarde kaj sendepende. Ĉiuj kombinoj de aleloj egale eblas:

AABBCCDDEEFFGGHH
Aa BBCCDDEEFFGGHH
aA BBCCDDEEFFGGHH
aa BBCCDDEE...
AA bBCCDD...
AA BbCCDD...
Aa Bb CC...
aA Bb...

Ktp!

Ni tuj vidos, ke ne ĉiuj tiuj punktoj estas precize ĝustaj. Domineco estas iam nur parta. Troviĝas vivuloj kun nur unu aro da genoj, kaj aliaj kun kvar aroj. Devioj de sendependa apartiĝo montriĝis tre gravaj.

Mendelo prezentis sian teorion en 1865 al la Brünn Naturscienca Societo. Ĝi dormigis ilin.

Bedaŭrinde, neniu zorgis pri la problemo plu — ĝi elmodiĝis. Cetere, de post 1859, biologoj estis distritaj de la nova teorio de **evoluismo**, kaj ne atentis plu la demandojn de Mendelo.

Darvino

Jam antaŭ ol Mendelo mortis, la scienca komunumo tute forgesis lian verkon. "Mia tempo venos," li diris, ne longe antaŭ sia morto en 1884.

Nun Vi Vidas Ilin...

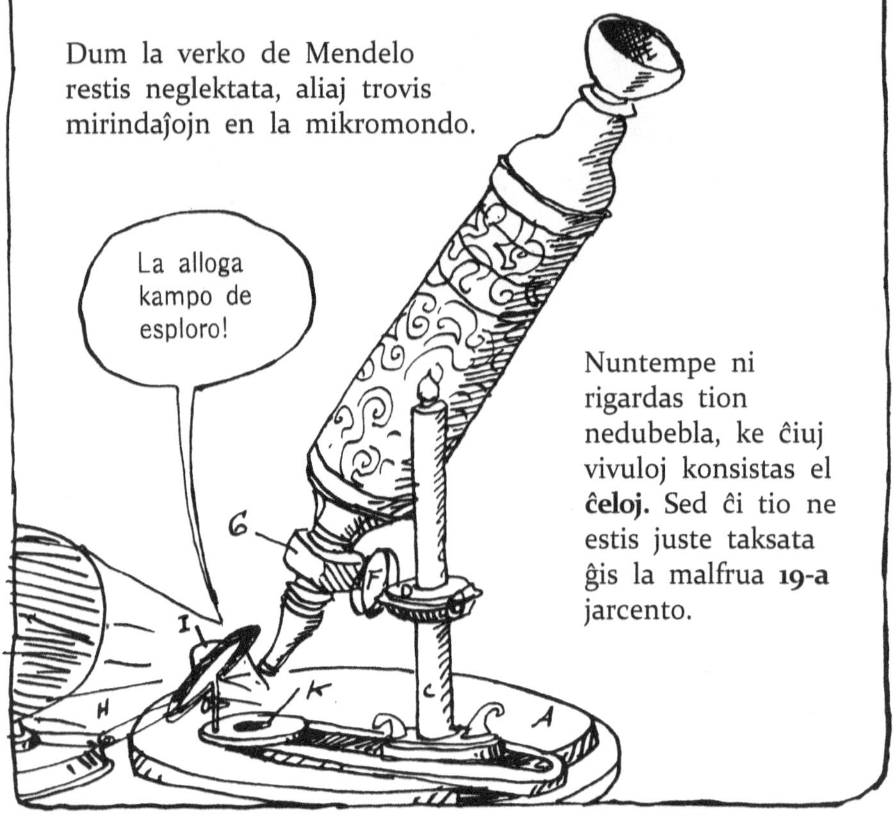

Dum la verko de Mendelo restis neglektata, aliaj trovis mirindaĵojn en la mikromondo.

La alloga kampo de esploro!

Nuntempe ni rigardas tion nedubebla, ke ĉiuj vivuloj konsistas el **ĉeloj.** Sed ĉi tio ne estis juste taksata ĝis la malfrua **19-a** jarcento.

Antaŭ tiel longe kiel en la 1600-aj jaroj, **Robert Hooke** (1635-1703) rimarkis la ĉelan strukturon de korko. Sed nur en la 1800-aj jaroj, sciencistoj ekipitaj per pli bonaj mikroskopoj konstatis, ke ni ĉiuj estas divertitaj en etajn fakojn.

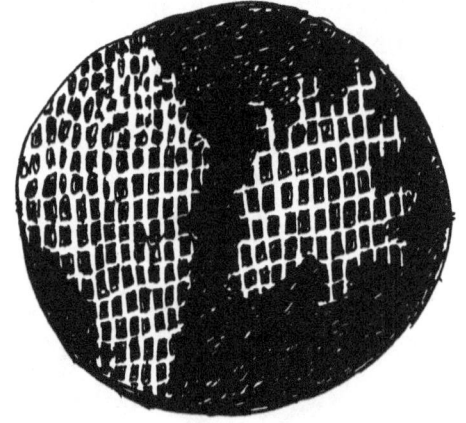

La meza homo enhavas trilionojn da ĉeloj. Aliaj vivuloj, kiel protozooj, konsistas el unusola ĉelo. Ĉeloj havas diversajn formojn kaj grandecojn.

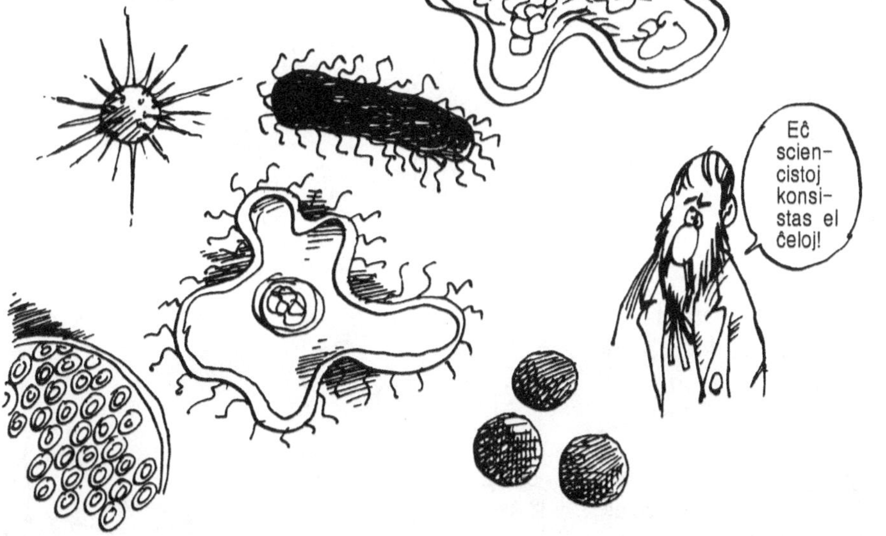

Eĉ sciencistoj konsistas el ĉeloj!

Plue sciencistoj trovis, ke ĉiuj ĉeloj venas de la **dividiĝo** de antaŭ-ekzistanta ĉelo. Antaŭ dividiĝo, ĉio en la ĉelo duobliĝas.

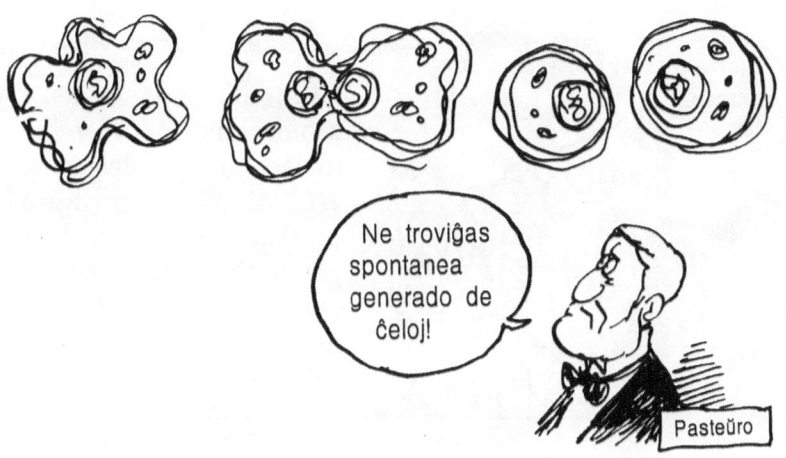

Ne troviĝas spontanea generado de ĉeloj!

Pasteŭro

Kiam mikroskopoj pliboniĝis, la interna strukturo de ĉelo ekaperis···

Antaŭ ĉio, troviĝis la **nukleo** — kaj interne de la nukleo estis io stranga···

Ĵus antaŭ ĉeldividiĝo, kelke da mallongaj ŝnurecaj objektoj subite aperis, duobliĝis, kaj poste malaperis!

Ĉi tiuj nomiĝis "**kromosomoj**" kaj estis la kaŭzo de multa debato!

Nukleo

Kromosomoj

Kromosomoj estas kiel kampanjaj promesoj — ili aperas el la aero kaj poste malaperas...

Ili ŝtelumas tra la malantaŭa pordo — kiel laktisto!

Nur unu vojo por malkovri...

Konsulti eksperton!

Eksperton pri ĉeloj?

Ne... eksperton pri malaperado!

Nur unu ebleco, sinjoroj!

Ili estadis tie de komence!

Fine oni konsentis, ke kromosomoj ne vere malaperas aŭ solviĝas. Ili estas simple tro **maldikaj** preskaŭ ĉiam por videbli per kutima mikroskopo. Dum ĉeldividiĝo, tamen, ili **volviĝas** kaj fariĝas sufiĉe dikaj por vidiĝi.

Atentema studo malkaŝis, kio okazas al kromosomoj dum ĉeldividiĝo.

Unue — dum ili ankoraŭ ne videblas — la kromosomoj duplikatigas sin, restante interligitaj ĉe loko nomata la **centromero**.

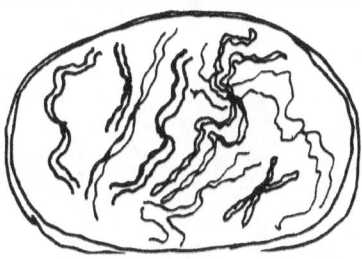

La membrano ĉirkaŭ la nukleo malaperas. Formiĝas fibreca **spindelo,** kaj la kromosomoj viciĝas ligite al ĝi.

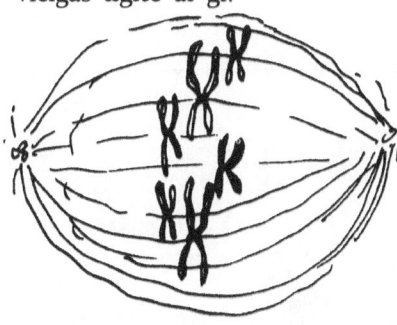

La kromosomoj alvenas la kontraŭajn polusojn, kaj la spindelo disiĝas.

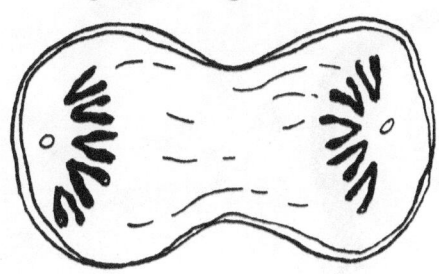

Poste ili dikiĝas kaj mallongiĝas, kaj tiel fariĝas videblaj sub la mikroskopo.

Centro-
mero

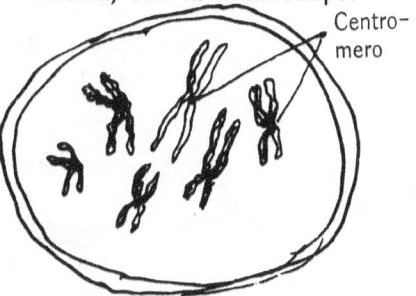

La centromeroj dividiĝas, kiam la spindelaj fibroj tiras la parojn da kromosomoj unu disde la alia.

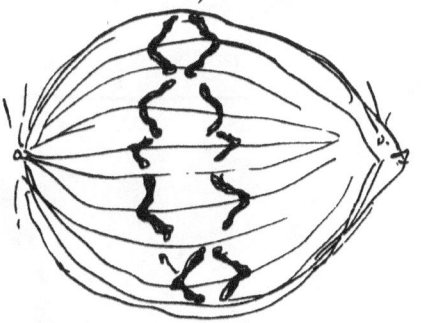

La nuklea membrano reformiĝas; la kromosomoj malvolviĝas al nevidebleco; kaj la ĉelo dividiĝas.

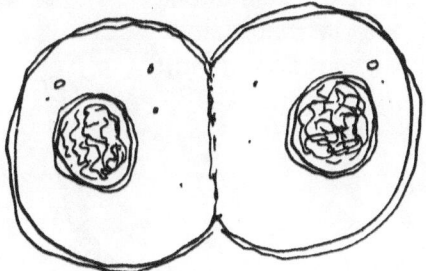

Ĉi tiu procezo nomiĝas **mitozo.**

La procezo de mitozo estas treege preciza. Ĝi certigas, ke ĉiu ida ĉelo ricevas perfektan kaj kompletan aron da kromosomoj. Aparte, la nombro de kromosomoj estas sama en ĉiu ĉelo. Ĉiu specio havas sian karakterizan nombron de kromosomoj.

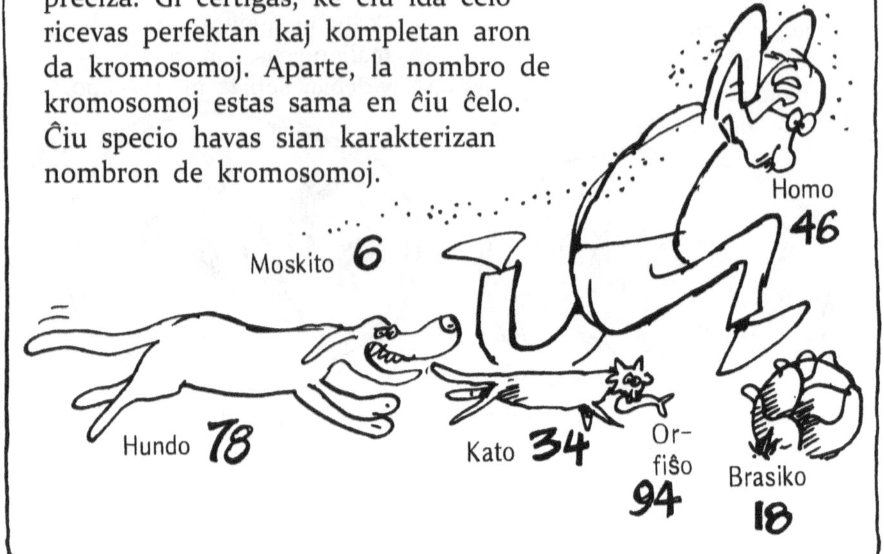

Moskito **6**

Hundo **78**

Kato **34**

Or-fiŝo **94**

Brasiko **18**

Homo **46**

Ni estas tia materialo, el kiu genoj konsistas...

Vi eble rimarkis, ke ĉiuj tiuj nombroj estas **paraj**. Troviĝas grava kialo por tio — kialo, kiu indikas la kromosomojn ja kiel la materialon de heredeco mem!

Ĝi estis ĉi tiu

FAKTO:

Spermatozoo kaj ovolo estas unuopaj ĉeloj kun nur duono de la normala nombro da kromosomoj.

Mirige!

Jen kiel tio okazas: la spermatozoo kaj ovolo — la **ĝermenaj ĉeloj**, aŭ **gametoj**, kiel ili estas konataj — ĉiu portas duonan aron da kromosomoj.

Trude-ma!

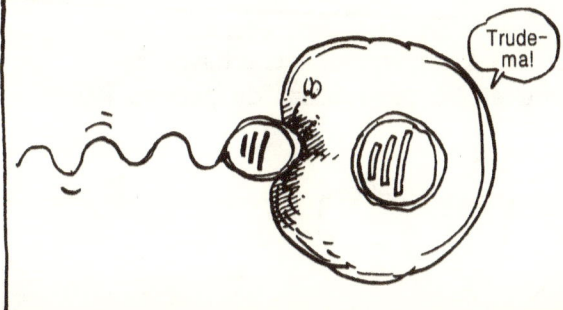

Ĉe fekundiĝo, iliaj nukleoj unuiĝas, generante la fekundigitan ovon, aŭ **zigoton**, kun plena nombro da kromosomoj. El ĉi tiu ĉelo estiĝas ĉiuj aliaj ĉeloj pere de mitozo.

GLUP

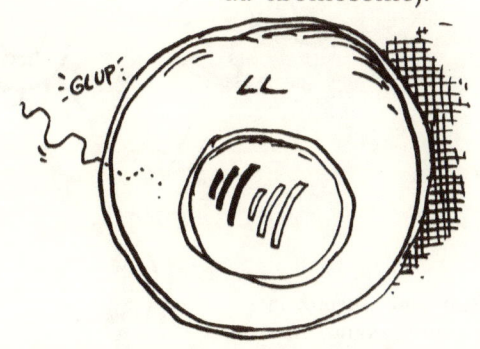

Plue, malkovriĝis (de la usonano William Sutton en 1902), ke ĉiu kromosomo el la spermatozoo povas pariĝi kun esence identa kromosomo el la ovolo. (Estas pli facile vidi tion, kiam ili duobliĝas kaj kuntiriĝas.)

Tiel, vere jam estas du kopioj de ĉiu kromosomo en la ĉelo. Ĉi tiuj nomiĝas **"homologaj paroj"** — "homologa" signifanta "saman formon."

Homoj, ekzemple, kun 46 kromosomoj, vere havas 23[*] homologajn parojn: unu el ĉiu paro venas de patrino kaj unu de patro.

Tio sugestas, ke devas esti speciala speco de ĉeldividiĝo sole por fari gametojn.

[*]Kun unu escepto, la sekskromosomo. Ni klarigos poste!

Ĉi tiu procezo, nomata **mejozo,** estas fakte **duobla** dividiĝo:

Kiel en mitozo, la kromosomoj duobliĝas kaj dikiĝas.

Sed poste la **homologaj** kromosomoj pariĝas··· iamaniere!

Denove la spindelaj fibroj formiĝas, kaj la kromosomaj kvaropoj (**"tetradoj"**) viciĝas. (Ni revenos al ĉi tio poste!)

La **paroj** apartiĝas. Rimarku la malsamecon ol mitozo!

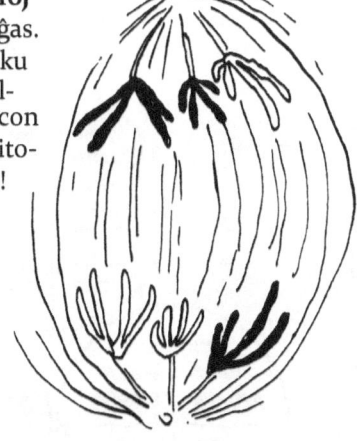

Kiam ili alvenas la polusojn, la spindelo malaperas, kaj **novaj** spindeloj formiĝas laŭ la alia direkto.

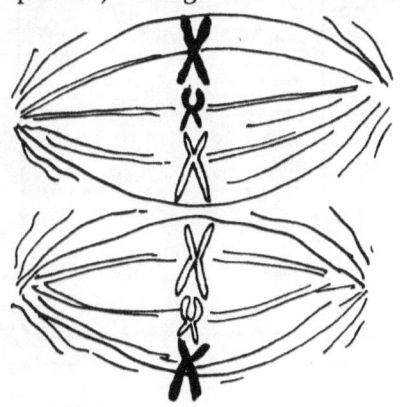

La kromosomoj poste apartiĝas, kiel en mitozo.

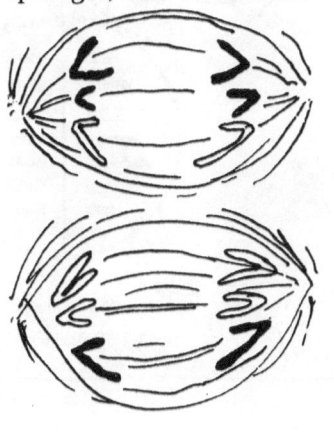

Mejozo rezultigas **kvar** ĉelojn, ĉiu kun **duono** de la kromosomoj de la originalo. Nombru ilin — 3 kontraŭ 6 en ĉi tiu okazo.

Sed ĉiam unu el ĉiu homologa paro!

Atentu, ke, **kiu** kopio de ĉiu kromosomo iras al kiu ĉelo estas tute hazarda. Ĉiu el jenaj kombinoj estas egale ebla kiel la supra ekzemplo.

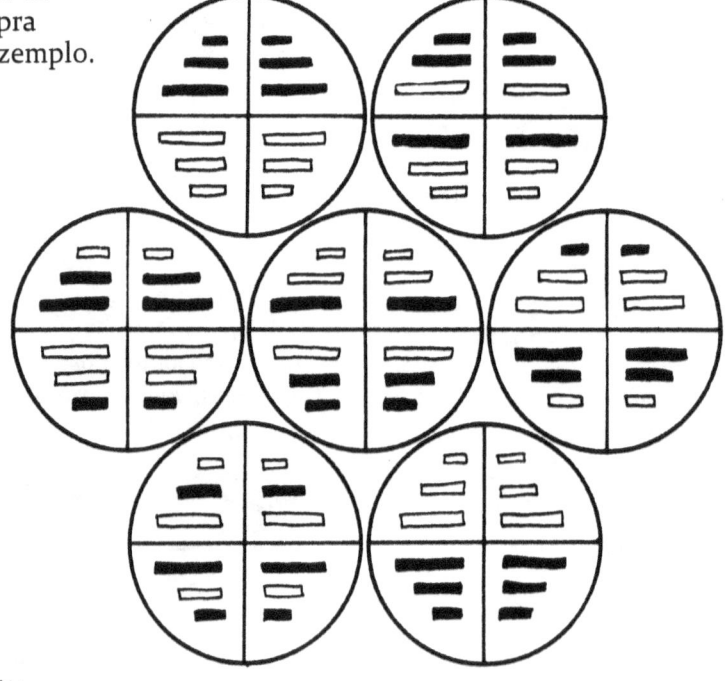

Tio estas, ke la kromosomoj obeas la leĝon de sendependa apartiĝo.

Post kiam mejozo kaj mitozo estis elkomprenitaj, biologoj komencis suspekti, ke kromosomoj eble povos regi heredecon. Ili rigardis denove la manierojn de heredado. Scienco denove marŝas — malantaŭen al la leĝoj de Mendelo!

Ĉirkaŭ fine de la 19-a jarcento, tri sciencistoj, laborantaj sendepende, pli-malpli duplikatigis la eksperimentojn kaj rezultojn de la aŭstra monaĥo. Ili estis:

HUGO DEVRIES

ERICH VON TSCHERMAK

CARL CORRENS

En la jaro 1900, ĉiuj tri priserĉis la sciencajn bibliotekojn por trovi antaŭfarintojn de sia laboro, kaj ĉiuj trovis Gregor Mendelon!

Por resumi:

Kion Ekzakte Ili Konstatis?

Kromosomoj kondutas kiel genoj. Ili tenas sian identecon en hibridoj, kaj ili apartiĝas sendepende, kiam generaj ĉeloj produktiĝas. Sekve, estas logike supozi, ke genoj kuŝas sur kromosomoj. (Devas esti multaj genoj sur ĉiu kromosomo, ĉar devas esti multe pli da genoj ol la kelkdekoj da kromosomoj, tipaj de plejmultaj specioj.)

La malkovro de homologaj paroj vere firmigis la ligon kun la trovoj de Mendelo. Memoru, ke ĉiu ĉelo havas paron da aleloj por ĉiu geno. Nun konstatiĝis, ke:

La du kopioj de certa geno kuŝas en la sama loko sur homologaj kromosomoj.

T.e., se unu geno por alteco kuŝas ĉi tie, ➞

tiam la alia kopio devas esti ĉi tie. ←

Ĉio montriĝis vera. Sed kiam oni rigardis pli profunde en la aferon, ili malkovris kelkajn punktojn, kiujn Mendelo ne konstatis.

Unue, ne ĉiuj vivuloj havas duoblan aron da kromosomoj. Multaj malaltklasaj specioj, kiel iuj fungoj, havas nur unuoblan aron.

Malaltaj ol kiuj?

Ĉelo kun unuobla aro da kromosomoj estas nomata **unuploida;** ĉelo kun du aroj estas nomata **duploida.** Niaj korpaj ĉeloj estas duploidaj, dum niaj generaj ĉeloj, aŭ seksĉeloj, estas unuploidaj.

Unuploida

Duploida

Duploidaj vivuloj inkludas ĉiujn konatajn mamulojn kaj birdojn kaj multe da vegetaĵoj. Unuploiduloj inkludas virajn mielabelojn, multajn fungojn, kaj senseksajn unuĉelajn vivulojn.

Krom ĉiuj ĉi tiuj, ankaŭ troviĝas **plurploidaj** vivuloj kun multobla aro da kromosomoj. Surprize multe da ĉiutagaj vegetaĵoj estas plurploidaj. (Ne pizoj, tamen!)

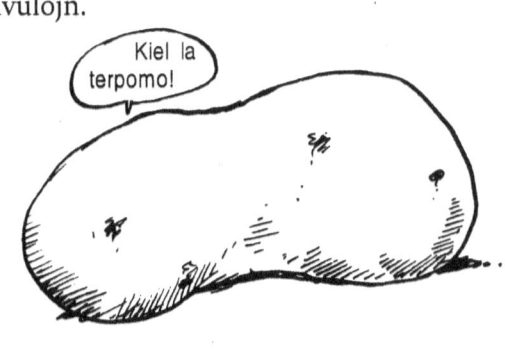

Kiel la terpomo!

La alia ĉefa problemo de la teorio de Mendelo estis la principo de sendependa apartiĝo. Preciza mezuro de kiom malĝusta ĝi estis kondukis al la kapablo mapi, ekzakte kie sur la kromosomo ĉiu geno probable kuŝas. Daŭrigu vian legadon···

MAPADO

Al Mendelo — kaj al liaj heredantoj — genoj estis nur abstraktaĵoj, literoj, kiujn vi povos ĵongli por klarigi kaj antaŭdiri, kiel heredaj karakteroj transdoniĝos al estontaj generacioj.

> Ili estas kiel fantomoj — influaj sed nemateriaj!

Nun ŝajnis, ke genoj estas aktualaj, fizikaj objektoj. Ili kuŝis en ia ordo laŭ la kromosomoj de ĉiu ĉelo, kaj la du aleloj de ĉiu geno estis sur la du kromosomoj de homologa paro.

> Ili estas tiel realaj kiel ŝvelaĵoj sur la vojo!

Iu estos scivolema, ĉu oni povas fari **genmapon** montrantan, ĝuste kie sur ĉiu kromosomo ĉiuj ĉi tiuj heredaj unitoj kuŝas!

69

La respondo al tio dependis de ŝajna **paradokso,** ĉar iupunkte la trovoj de Mendelo konfliktis kun la observita konduto de kromosomoj.

Nome — la principo de sendependa apartiĝo!

Observo: La nombro de genoj devas esti grandega por regi kompleksan vivulon, sed la nombro de kromosomoj en ĉelo estas tre malgranda. Pizo havas nur **7 parojn** da kromosomoj, homo **23.**

Konkludo: Multaj genoj sur ĉiu kromosomo!

La problemo: Se du genoj kuŝas sur la sama kromosomo, **kiel ili povas esti sendependaj?** Post ĉio, kromosomoj ne disrompiĝas, ĉu ne? Ĉu diversaj genoj ne devas esti ofte **ligitaj?**

Fizike ligitaj — de la kromosomo!

Ĉu do genoj apartiĝas sendepende aŭ ne?

70

Nu, montriĝis, ke la respondo estas duono-kaj-duono.

 Troviĝas ligo inter certaj genoj.

Sed

:

 Kromosomoj ankaŭ okupiĝas je multa **interŝanĝo de genoj,** aŭ (kiel ĝi nomiĝas) **interkruciĝo.**

Por ilustri, ni rigardu al la ekzemplo de la ordinara, ĝardena vario de tomato.

Kun mutacia majonezo?

...kaj penu ne manĝi la ekzemplon ĝis post klaso.

71

Tomatoj havas genon por haŭto-strukturo kun recesiva alelo, *p*, kiu kaŭzas harkovritan frukton. (Kompreneble, vi ne ofte vidas ilin en la vendejo!)

Oho! Nova gastronoma frukto!

Novaj! Haraj frandaĵoj!

Simile, la geno por alteco havas recesivan alelon, *d*, kaŭzantan nanajn plantojn.

Ĉu vi ŝatas ĝin?

Mi donas *d*-gradon!

La respektivaj dominaj aleloj estas p^+, kiu kaŭzas glatan frukton, kaj d^+, kiu faras altajn plantojn.

Por testi la principon de sendependa apartiĝo, ni povas kruci duoblan recesivon, *ppdd*, kun heterozigoto, pp^+dd^+.

Harkovrita, nana
ppdd

Glata, alta
$pp^+ dd^+$

72

Supozu, ke Mendelo estis prava, kaj ke la *p*-oj estas sendependaj de la *d*-oj.

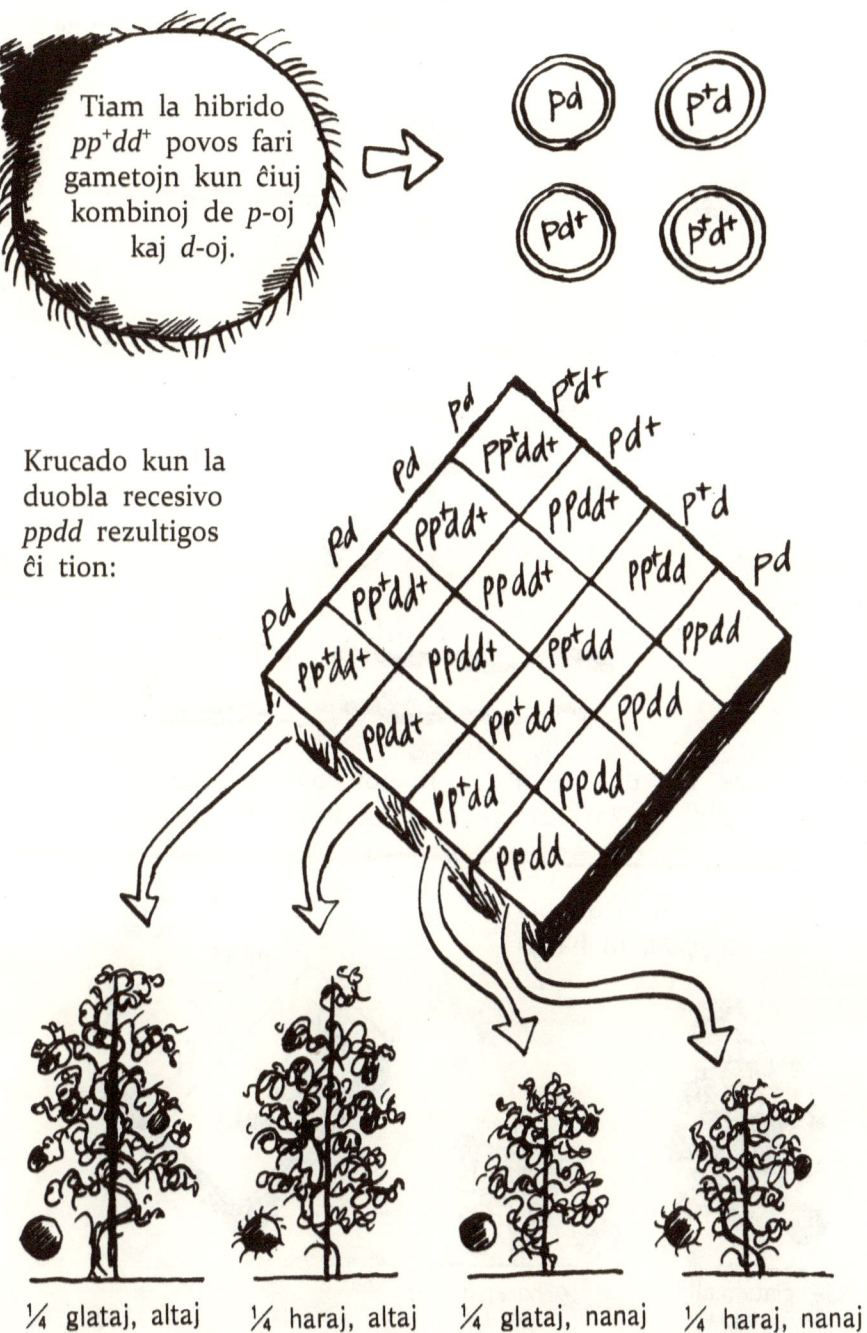

Tiam la hibrido *pp⁺dd⁺* povos fari gametojn kun ĉiuj kombinoj de *p*-oj kaj *d*-oj.

Krucado kun la duobla recesivo *ppdd* rezultigos ĉi tion:

¼ glataj, altaj   ¼ haraj, altaj   ¼ glataj, nanaj   ¼ haraj, nanaj

73

Nun supozu, ke *d* kaj *p* kuŝas sur la sama kromosomo. Tiam la hibrido pp^+dd^+ havos siajn alelojn sur homologa paro:

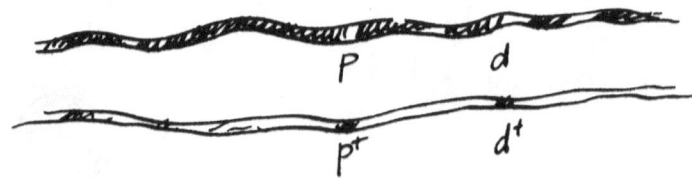

Dum mejozo ili apartiĝas ĉi tiel:

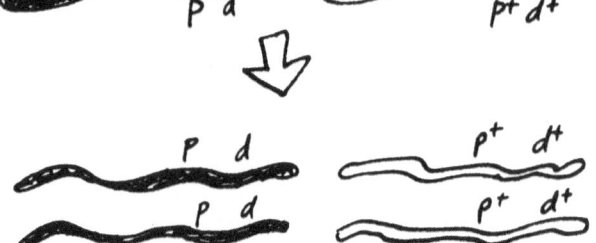

Ĉi-okaze, nur du specoj de gametoj povas esti faritaj: pd kaj p^+d^+, ne la kvar specoj antaŭdiritaj de Mendelo.

Krucinte kun la duobla recesivo *ppdd*, ni havos

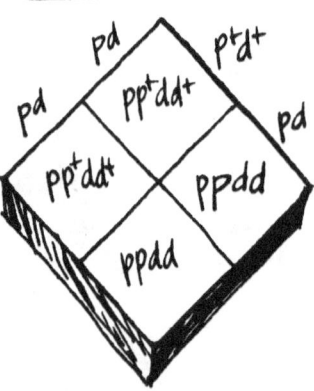

½ glataj, altaj
pp^+dd^+

½ haraj, nanaj
$pp\,dd$

Kaj, kompreneble, kiu estas "ĉe la flanko de la anĝeloj?"

Kiam la krucado estas fakte farita, kion oni fakte akiras, 50:50 dividon aŭ egalan 4-vojan dividon?

Ŝajnas, ke **neniu** antaŭdiro estas ĝusta. Ĉiuj kvar specoj aperas, sed laŭ jena proporcio:

Bedaŭrinde, Greg!

Glataj, altaj	Haraj, altaj	Glataj, nanaj	Haraj, nanaj
PP^+dd^+	$ppdd^+$	PP^+dd	$PP\,dd$
48%	**2%**	**2%**	**48%**

Bone, mi povas elteni la desaponton...

Post ĉio, mi jam mortis... Plor!

Ĝi certe estas pli proksima al la antaŭdiro bazita sur ligo ol al tiu de Mendelo. Sed se *p* kaj *d* estas ligitaj, de kie do tiuj 2% kombinoj venas?

Ne por plidaŭrigi la misteron — la genoj *p* kaj *d* estas sur la sama kromosomo, sed kromosomoj povas interŝanĝi genojn. Ĝi nomiĝas **interkruciĝo:**

Dum mejozo homologaj kromosomoj viciĝas kun interrespondaj aleloj unu kontraŭ la alia.

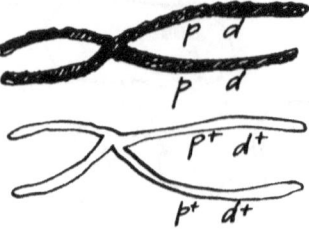

Ĉe certaj punktoj, ŝajne "elektitaj" hazarde, la kromosomoj intertuŝiĝas:

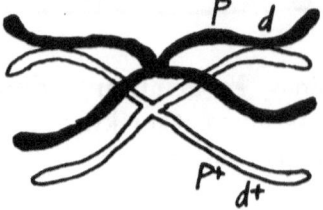

Iuj segmentoj **interkruciĝas:**

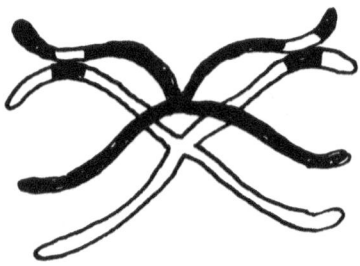

Kiam ili apartiĝas, ili havas novajn kombinojn de aleloj.

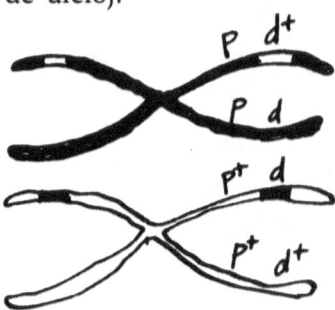

Kiam tio okazas al nia heterozigoto, kelkaj el la rezultintaj gametoj ricevas la "rekombinitajn" kromosomojn. Sekve, la esceptaj kruciĝoj!

La rekombinaĵoj

Noto: Dank' al interkruciĝo, la kromosomoj transdonataj al via idaro ne estas ekzakte samaj kiel viaj propraj, sed prefere estas kunmiksita kombinaĵo.

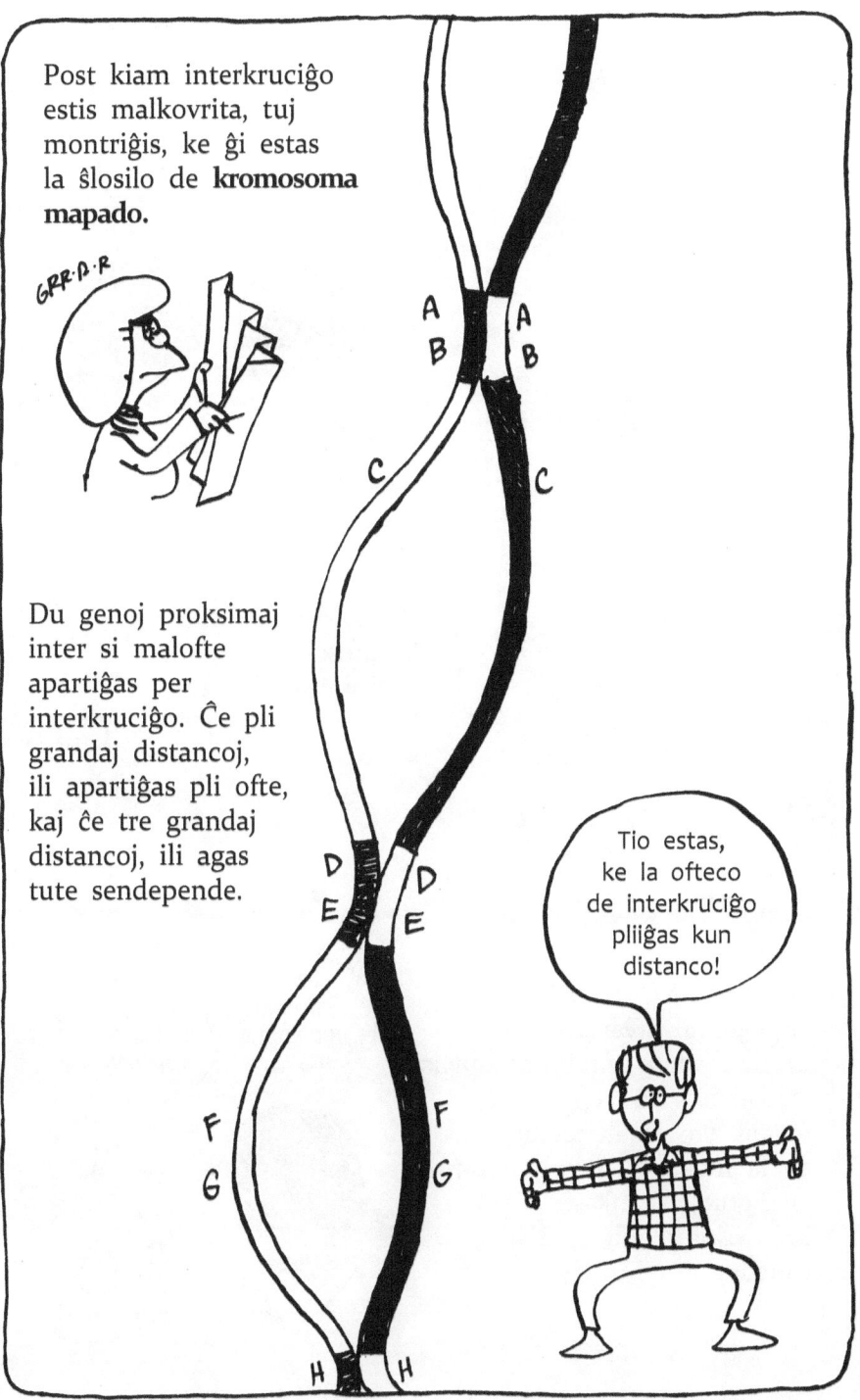

Post kiam interkruciĝo estis malkovrita, tuj montriĝis, ke ĝi estas la ŝlosilo de **kromosoma mapado.**

GRR·A·R

Du genoj proksimaj inter si malofte apartiĝas per interkruciĝo. Ĉe pli grandaj distancoj, ili apartiĝas pli ofte, kaj ĉe tre grandaj distancoj, ili agas tute sendepende.

Tio estas, ke la ofteco de interkruciĝo pliiĝas kun distanco!

Do, jen kiel vi faras genmapon sen vidi eĉ unusolan genon:

Unue, faru multe da krucadoj inter individuoj malsamaj je diversaj paroj de karakteroj…

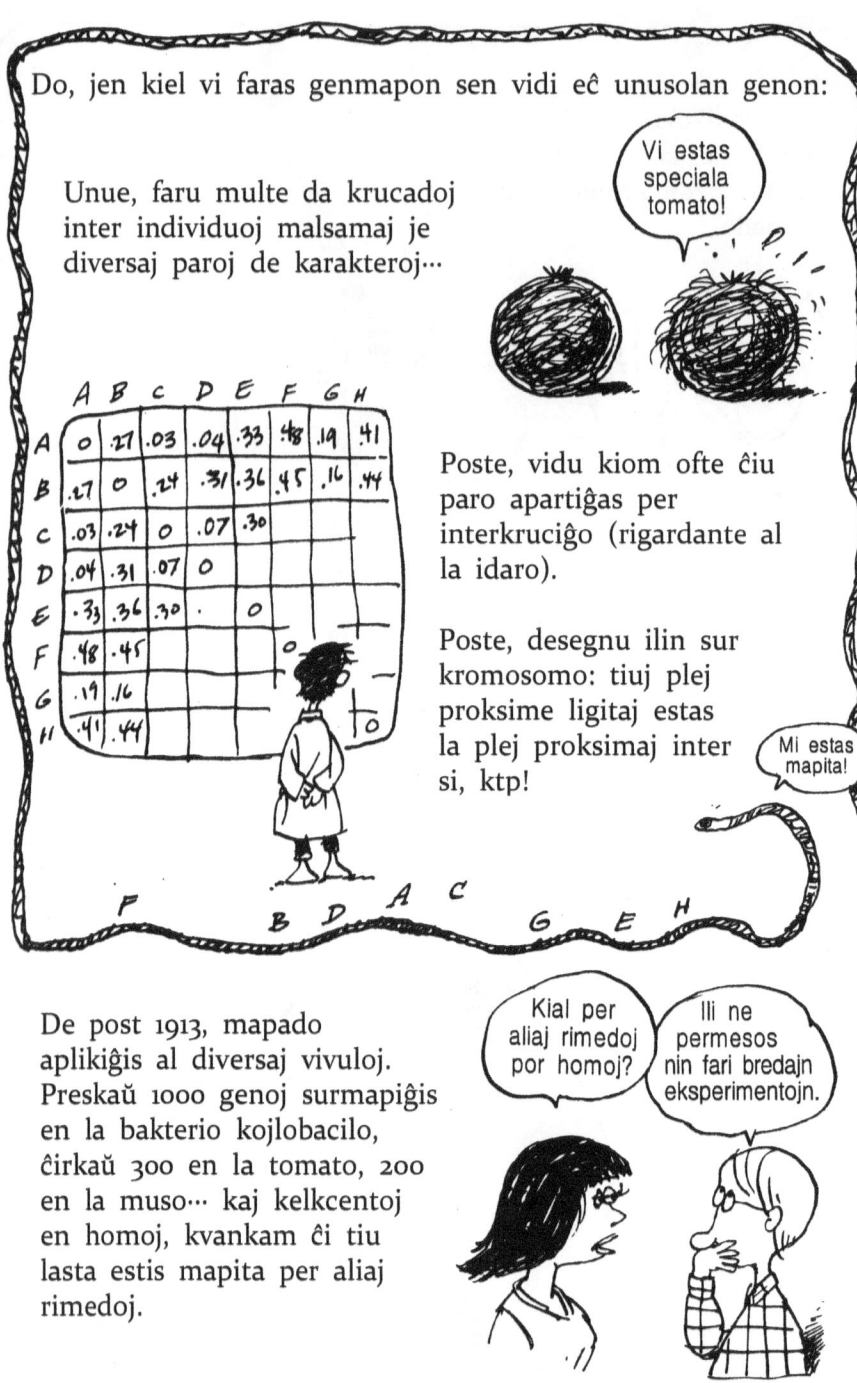

Poste, vidu kiom ofte ĉiu paro apartiĝas per interkruciĝo (rigardante al la idaro).

Poste, desegnu ilin sur kromosomo: tiuj plej proksime ligitaj estas la plej proksimaj inter si, ktp!

De post 1913, mapado aplikiĝis al diversaj vivuloj. Preskaŭ 1000 genoj surmapiĝis en la bakterio kojlobacilo, ĉirkaŭ 300 en la tomato, 200 en la muso… kaj kelkcentoj en homoj, kvankam ĉi tiu lasta estis mapita per aliaj rimedoj.

78

MUTACIO, aŭ

Ŝanĝiĝo de Genoj

Ha! Mutacio en progresado!

Ĝis nun, ni pensis genojn kiel "atomojn de heredo" — **neŝanĝeblajn** unitojn de heredeco.

Iom da troigo!

Genoj ne nur estas **ŝanĝeblaj,** sed ili ja **ŝanĝiĝas** de tempo al tempo pro eraroj dum kopiado kaj pro diversaj mediaj influoj.

Ĉi tiuj ŝanĝiĝoj — nomataj **mutacioj** — estas tre maloftaj: la ŝanco trovi mutacion en certa geno en individuo estas

Kvankam iuj genoj estas pli ŝanĝiĝemaj ol aliaj!

➤ 1 el 100,000

Eĉ je tia grado, ili ja sumiĝas! Homo havas proksimume 200,000 genojn, sekve ni portas averaĝe po du novajn mutaciojn.

Belaj okulŝirmiloj!

Pardonon... Tiuj estas miaj okuloj...

Ŝanĝiĝo de genoj povas kaŭzi difektegojn, sed plejtempe mutacioj estas pli subtilaj. Alie, ni ĉiuj aspektus kiel monstroj.

He! Vi ne aspektas tiel grava.

Jen, mutacioj nur rezultigas novan **recesivan alelon**, kiel harkovritecon en tomatoj. Vi vidas nenion, ĝis du individuoj kun la sama mutacio pariĝas por formi homozigoton. Kaj —

Jen mutacioj estas komplete silentaj — produktante nenian ŝanĝon — kaj jen ili kaŭzas ŝanĝojn tiel etajn, ke ili estas apenaŭ percepteblaj.

Kiel ekstra milimetro sur la nazo!

Sed de tempo al tempo, la hereda "eraro" povas fariĝi pozitiva avantaĝo al la bonŝanca mutaciulo!

Hm! Do, la ovo venis ja antaŭ la kokino!

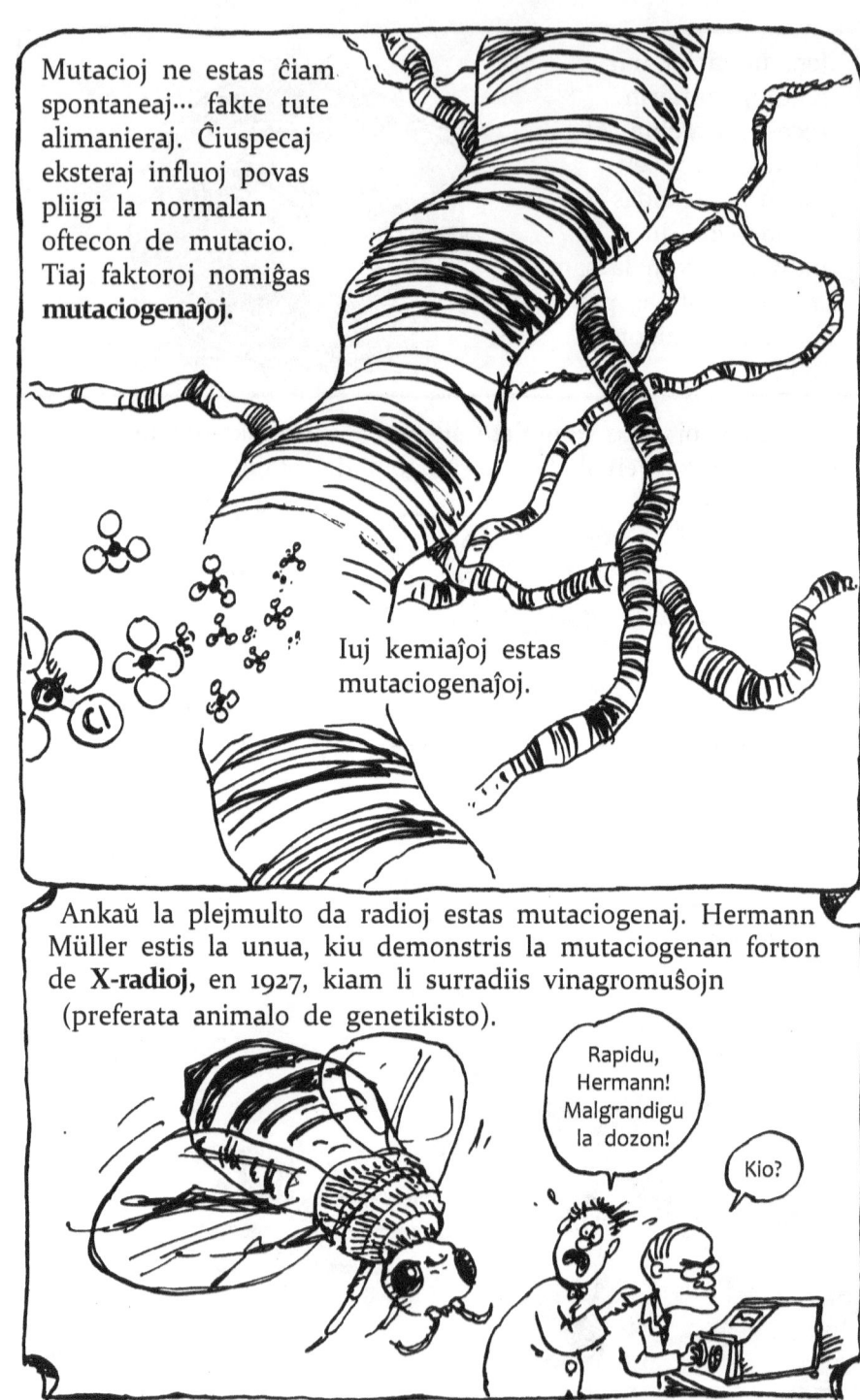

Mutacioj ne estas ĉiam spontaneaj··· fakte tute alimanieraj. Ĉiuspecaj eksteraj influoj povas pliigi la normalan oftecon de mutacio. Tiaj faktoroj nomiĝas **mutaciogenaĵoj.**

Iuj kemiaĵoj estas mutaciogenaĵoj.

Ankaŭ la plejmulto da radioj estas mutaciogenaj. Hermann Müller estis la unua, kiu demonstris la mutaciogenan forton de **X-radioj,** en 1927, kiam li surradiis vinagromuŝojn (preferata animalo de genetikisto).

Rapidu, Hermann! Malgrandigu la dozon!

Kio?

82

Mutacio en korpaj ĉeloj (**somataj** ĉeloj, malsamaj ol ĝermenaj ĉeloj) povas konduki al **kancero.** Kompreninde, ĉar la genoj kontrolas ĉion pri la ĉelo, inkluzive la procezon de ĉeldividiĝo. Kvankam ankoraŭ restas multe da misteroj pri kancero, ĝi rezultas de mutacioj, kiuj kondukas la ĉelon al senkontrola dividiĝo.

Multaj mutaciogenaj faktoroj estas ankaŭ **kancerogenaj** — kio estas, kial la ŝtatoficistoj pri manĝaĵo kaj medikamento serĉas mutaciogenajn manĝaĵo-aldonaĵojn··· kaj kial vi devas limigi vian sunbanon, precipe se vi havas palan haŭton. (Ultraviola lumo estas mutaciogena.)

83

KIO DECIDAS SEKSON?

La koloro de pizaj floroj, la haŭto-strukturo de tomatoj, la pinĉiteco de pizujoj — ĉiu el ĉi tiuj karakteroj estas regata de unuopa geno. Sed kio regas tiun plej evidentan, interesan, kaj (en homoj) **gravan** diferencon inter individuoj: la diferenco inter **viro** kaj **virino?**

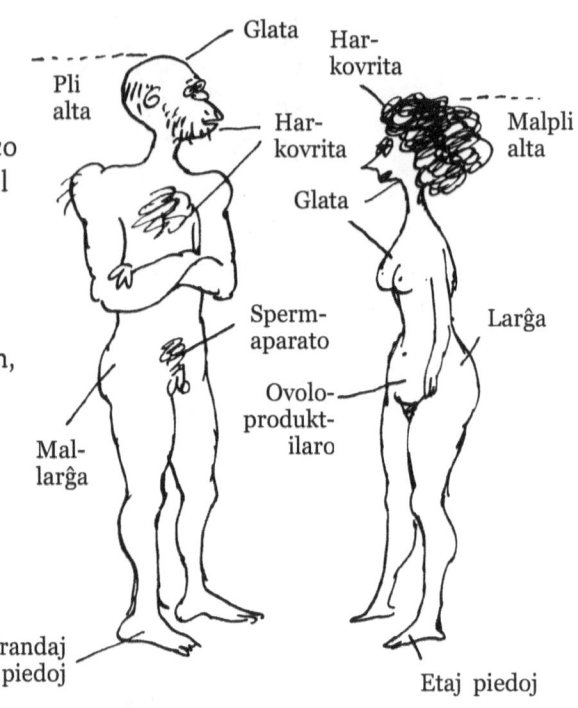

Pli alta
Glata
Har-kovrita
Har-kovrita
Malpli alta
Glata
Larĝa
Sperm-aparato
Ovolo-produkt-ilaro
Mal-larĝa
Grandaj piedoj
Etaj piedoj

Tra historio, tiom multe da pensuloj atakis ĉi tiun demandon, ke iu 18a-jarcenta verkisto inspirite kompilis "262 senbazajn hipotezojn." Lia propra senbaza hipotezo fariĝis la 263-a···

Ĉi estas la varmo de hela luno··· aŭ la ĉarmo de bela juno···

Aŭ la larmo de kataluno!

Sed, kompreneble, ĝi estas en la genoj. Ne longe post kiam homologaj kromosomoj malkovriĝis, iu rimarkis escepton: homaj viroj havas unu paron, kiu ne estas homologa!

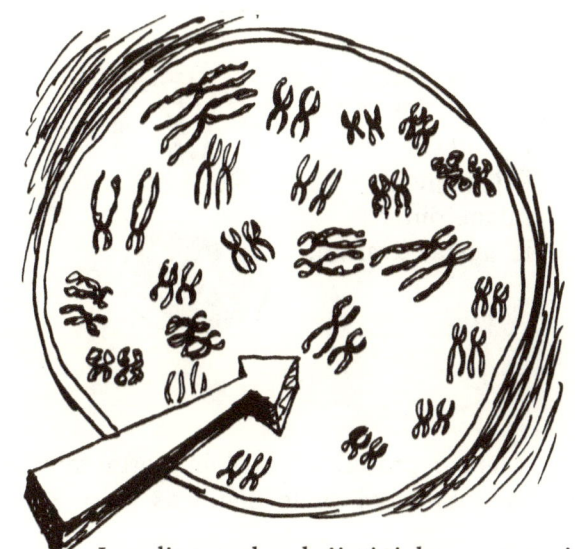

La pli granda el ĉi tiuj kromosomoj nomiĝis X; la pli malgranda, Y.

La sola genetika diferenco inter (homaj) viroj kaj virinoj estas jena:

Virinoj havas du X-kromosomojn:

Dum viroj havas unu X kaj unu Y:

La aliaj 22 paroj da kromosomoj estas samaj.

Nun ni nur certiĝu, ke ĉi tio produktas virajn kaj inajn infanetojn en la ĝustaj kvantoj.

Mejozo produktas ovolojn portantajn la kromosomon X; spermatozooj egale dividiĝas inter X kaj Y —

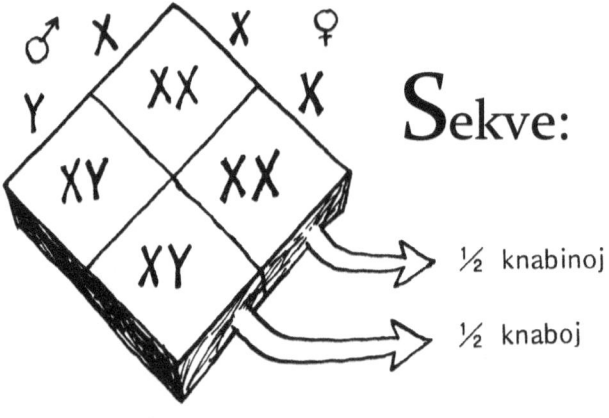

Sekve:

½ knabinoj

½ knaboj

Tamen, la baza genetika demando restas: kiuj genoj estas respondecaj pri kio? Ĉu estas la kromosomo Y, kiu faras viron, aŭ ĉu duobla dozo da X estas bezonata por fari virinon? Kio okazos al iu kun **du** X-kromosomoj **kaj** unu Y?

Ĉi tiu lasta efektive okazas!

Ĉi tiuj demandoj respondiĝas per rigardo al okazoj de **neperfekta mejozo.** De tempo al tempo okazas eraro dum produktado de spermatozooj:

Neniu seksokromosomo

Ambaŭ seksokromosomoj

Tiam:

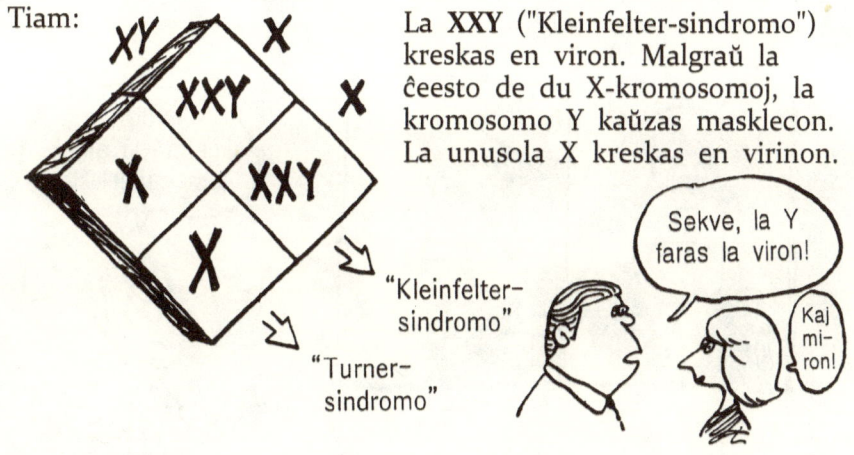

"Kleinfelter-sindromo"

"Turner-sindromo"

La **XXY** ("Kleinfelter-sindromo") kreskas en viron. Malgraŭ la ĉeesto de du X-kromosomoj, la kromosomo Y kaŭzas masklecon. La unusola X kreskas en virinon.

Sekve, la Y faras la viron!

Kaj mi-ron!

Alia nenormaleco estas la "supermaskla" kombino **XYY**, kiu okazas en po unu nasko el ĉirkaŭ mil. XYY-knaboj kreskas en normalajn virojn — krom ke ili sin trovas en malliberejo ĉirkaŭ 20 fojojn pli ofte ol la aliaj de la loĝantaro. Ĉirkaŭ 5% da krimuloj havas ekstran Y-kromosomon. Iuj diras:

Plej multe da genetikistoj estos pli singardemaj. La granda plimulto (pli ol 95%) da XYY-viroj **ne** estas en malliberejo. Tial ne direblas, ke la XYY-kariotipo kaŭzas krimecon!

Ĉu animaloj faras tion kun iksoj kaj ipsilonoj?

Ne nepre. Sekso decidiĝas laŭ diversaj manieroj, kvankam multe da specioj havas la saman sistemon kiel la nian.

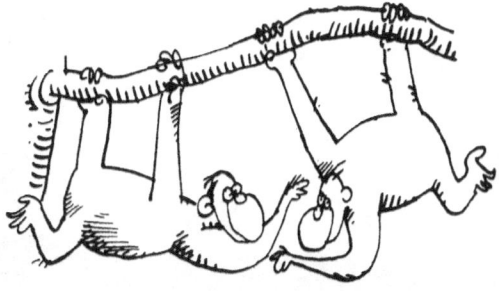

Sed, inter birdoj ĝi estas ĝuste **mala.**

XX = masklo

XY = femalo

Kaj abeloj estas vere strangaj: maskloj disvolviĝas el **nefekund-igitaj** ovoj. Ĉiuj el ili estas **unu-ploidaj,** dum ĉiuj **duploidaj** individuoj estas femaloj (la granda plejmulto de la abelujo). Alidire, abeloj havas neniun specifan sekso-kromosomon.

Ĉu vi aŭskultu min? Certe, knabo, vi faras tion nur duone de tempo al tempo!

Ha?

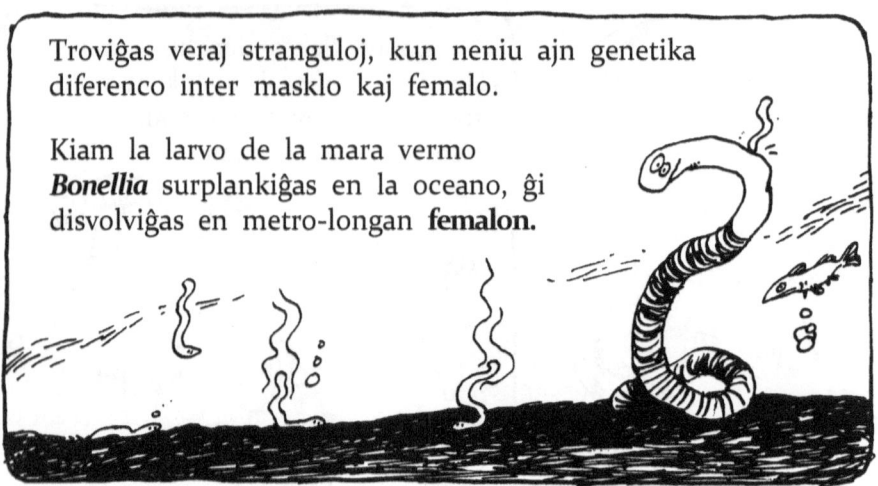

Troviĝas veraj stranguloj, kun neniu ajn genetika diferenco inter masklo kaj femalo.

Kiam la larvo de la mara vermo **Bonellia** surplankiĝas en la oceano, ĝi disvolviĝas en metro-longan **femalon.**

Sed kiam larvo surkorpiĝas sur **femalon,** ĝi enŝoviĝas en ŝian korpon···

GLUP

··· en kiu okazo, ĝi maturiĝas en **masklon,** nur centimetrolongan, kaj pasigas sian tutan vivon interne de la femalo!

> Kiu vojo al la ovarioj?

Kelkfoje seksaj diferencoj estas nur subtilaj. Certaj protozooj havas du seksojn, sed ili estas malsamaj nur en unusola geno. Ĉi tiuj vivuloj ordinare reproduktiĝas sensekse, ĉar trovi adekvatan kunul(in)on devas esti ne facile!

> Pardonon — ĉu vi estas iel ajn malsama ol mi?

> Se vi ne povas diri, kiel mi povos?

-RILATAJ GENOJ

Nun ree al homoj··· Ni vidis, ke ĉiuj genoj respondecaj pri pure seksrilataj aferoj akumuliĝas sur nur du kromosomoj, X por femalo, Y por masklo.

Kie estas la genoj por flugiloj?

Nun ni eble povos demandi la sekvan

Demandon

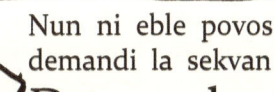

Ĉu troviĝas aliaj genoj sur ĉi tiuj kromosomoj??

Estas sufiĉa kialo por demandi: homoj elmontras kelkajn difektojn, kiuj ŝajnas **seksligitaj.**

La plej-multo da **kalvaj** homoj estas **viroj.**

Ankaŭ **kolor-blind-uloj.**

Same por **hemo-filiuloj.**

El ĉi tio, vi eble povos konkludi, ke ĉi tiuj genoj kuŝas sur la kromosomo Y — sed vi malpravas! Fakte, ĉiu el hemofilio, kolorblindeco, kaj kalveco estas kaŭzata de **recesivaj** aleloj kuŝantaj sur la kromosomo X!

Rigardu al la ekzemplo de kalveco:

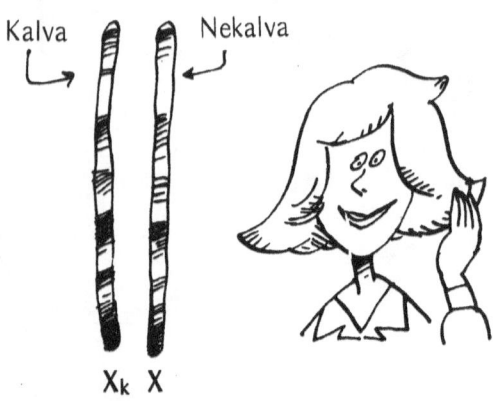

Kalva Nekalva

X_k X

La kialo, ke virinoj estas malofte kalvaj, estas, ke eĉ se ili havas la kalvecan alelon sur unu X-kromosomo, ili ordinare havas la dominan **nekalvecan** alelon sur la alia.

Mi estas nenio krom sekso!

X Y

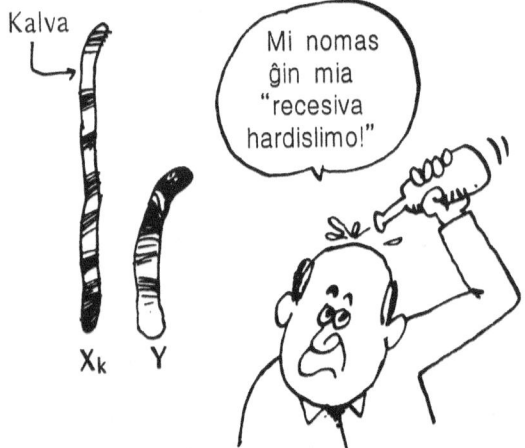

Kalva

Mi nomas ĝin mia "recesiva hardislimo!"

X_k Y

Sed ĝi aperas en viroj, ĉar la kromosomo Y havas neniun alelon por tiu geno. Sen domina alelo, la recesivo manifestiĝas!

Ni vidu, kiel ĉi tiuj **seksligitaj** genoj transdoniĝas:

Supozu, ke normala virino *(XX)* naskas infanojn de kalva viro *(X$_k$Y)*.

Ĉiuj filinoj *(X$_k$X)* estas **portantoj**. Mem nekalvaj, sed ili ankoraŭ portas la recesivan genon. La filoj estas normalaj.

Se via patrino estas normala, vi ne povas heredi kalvecon de via patro!

Sekvanta generacio: supozu, ke unu el la portantoj edziniĝas kun normala viro.

Averaĝe, duono de la filinoj estos portantoj, kaj duono de la filoj estos kalvaj!

Vi povas heredi kalvecon de via patrina avo!

Hemofilio sekvas la saman manieron. La plej fama ekzemplo estis **Reĝino Victoria** de Anglujo, kiu estis portanto.

Troviĝas neniu raporto pri hemofilio en la prapatroj de Victoria, tial ni povos supozi, ke la difekto aperis en ŝiaj genoj kiel spontanea mutacio. Ĝi okazas ĉe hemofilio en po unu kazo el ĉiuj 50,000 gepatroj.

94

Hemofilio transdoniĝas same kiel kalveco, kaj vi povos vidi la manieron en la familia arbo de Victoria.

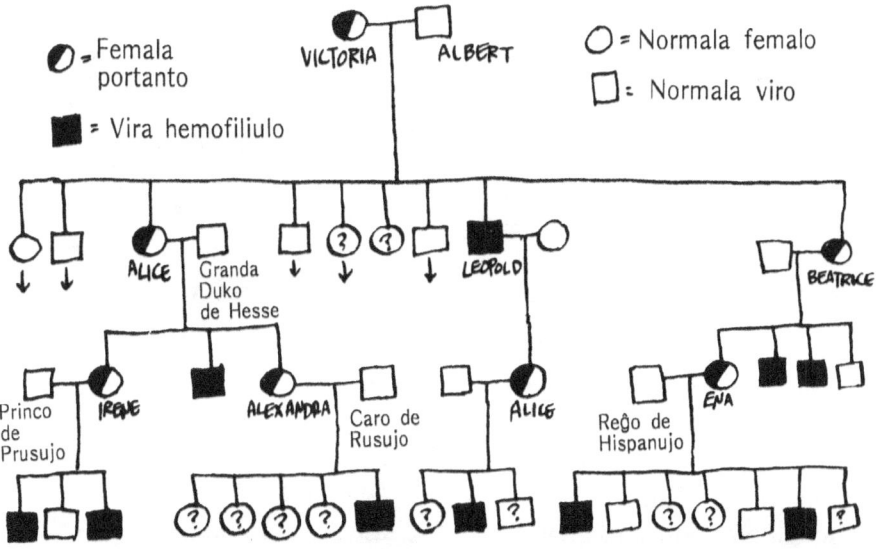

La multnombra idaro de Victoria intergeedziĝis kun la reĝaj familioj de Eŭropo, dissemante siajn medicinajn problemojn en Prusujon, Hispanujon, kaj la antaŭ-revolucian Rusujon.

Nu,

simple rigardu, kiel scienco disvolviĝis ĝis la frua 19-a jarcento: Mendelo kaj liaj posteuloj elpoluris ĉiujn strangajn enigmojn: la rolo de patrino kaj patro, la karaktero de hibridoj kaj "monstroj," kio decidas sekson, kaj eĉ kio kaŭzas la kvalitojn de vivuloj.

Ĉiuj ĉi tiuj estis klarigitaj per **genoj.** Genoj estis lokalizitaj, surmapigitaj, kaj iliaj manieroj de heredo estis analizitaj. Nun nur unu demando restis···

Jes — Kial genetikistoj portas pintan barbon?

Devas esti hereda...

Ne — la demando estas: kio estas la genoj, kaj kiel ili funkcias?

Estu preta vojaĝi en neesploritan teritorion!

KIO ESTAS EN ĈELO?

Ni rigardu pli proksime!

De ĉi tie vi povas vidi, kiel la gorilo konsistas el **ĉeloj.** Por kompreni la simion, ni devos klarigi, kio okazas en ĉi tiuj etaj kemiaj fabrikoj.

Bedaŭrinde, ne ĉiuj gorilaj ĉeloj estas similaj. Ĉi tiuj **ruĝaj sangoĉeloj** estas malsamaj ol haŭtĉeloj en kelkaj punktoj.

Nervoĉeloj estas longaj kaj maldikaj.

Kaj la ĉeloj de muskoloj, okuloj, renoj, ktp, ktp, ktp··· ĉiuj malsamaj!

Simile, la bananujo montras grandan diversecon de ĉelspecoj···

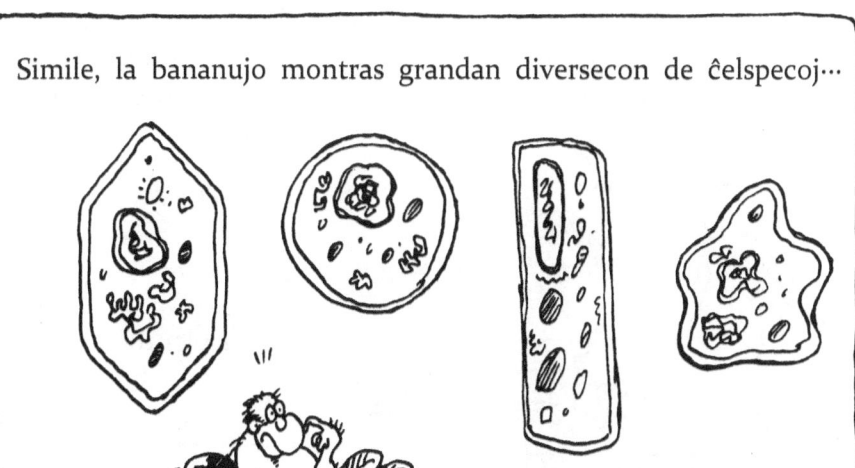

···ĉiu el kiuj estas plena de diversaj eĉ pli etegaj korpoj···

··· farante bananujojn kaj gorilojn treege malfacile kompreneblaj!

Hm···
La Golgi-korpo ligita al la endoplasma retikulo··· la endoplasma retikulo ligita al la nuklea membrano··· nuklea membrano ligita al··· (suspiro)

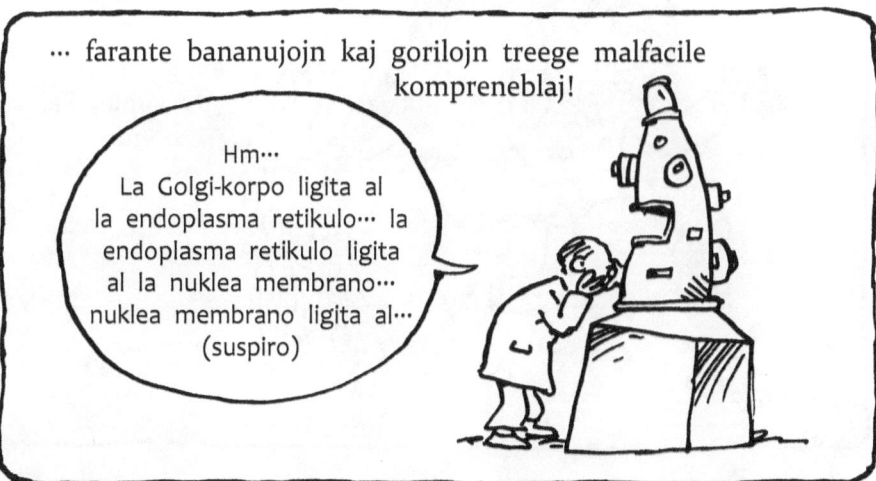

Kial mi ne aŭskultis mian panjon kaj ne fariĝis advokato?

Fakte, goriloj kaj bananujoj estas tiel komplikaj, ke dum multe da jaroj sciencistoj en malespero rezignis kompreni la molekulan genetikon de plantoj kaj animaloj.

Anstataŭe ili studis vivulon multe pli simplan: etega vivulo troviĝanta je la nombro de miliardo — ĝuste··· interne de··· ĉi tie!

Ĉi tio estas la bakterio, *Escherichia coli*, aŭ **kojlobacilo**, kiu prosperas en la intestoj de simioj kaj homoj.

Ni havas tendencon pensi bakteriojn rilate malsanon, sed kojlobacilo estas fakte tre benigna kaj utila.

Kiel aliaj bakterioj, kojlobacilo estas multege malpli kompleksa ol la ĉeloj de altklasaj vivoformoj. Al ĝi mankas la plejmulto de ilia interna organizaĵo, kaj ĝia kemio, kvankam sufiĉe komplika, estas multe pli simpla ol tiu de simioj kaj bananujoj.

Ni eniru en unu el ĉi tiuj kojlobaciloj kaj vidu, kiel ĝi aspektas···

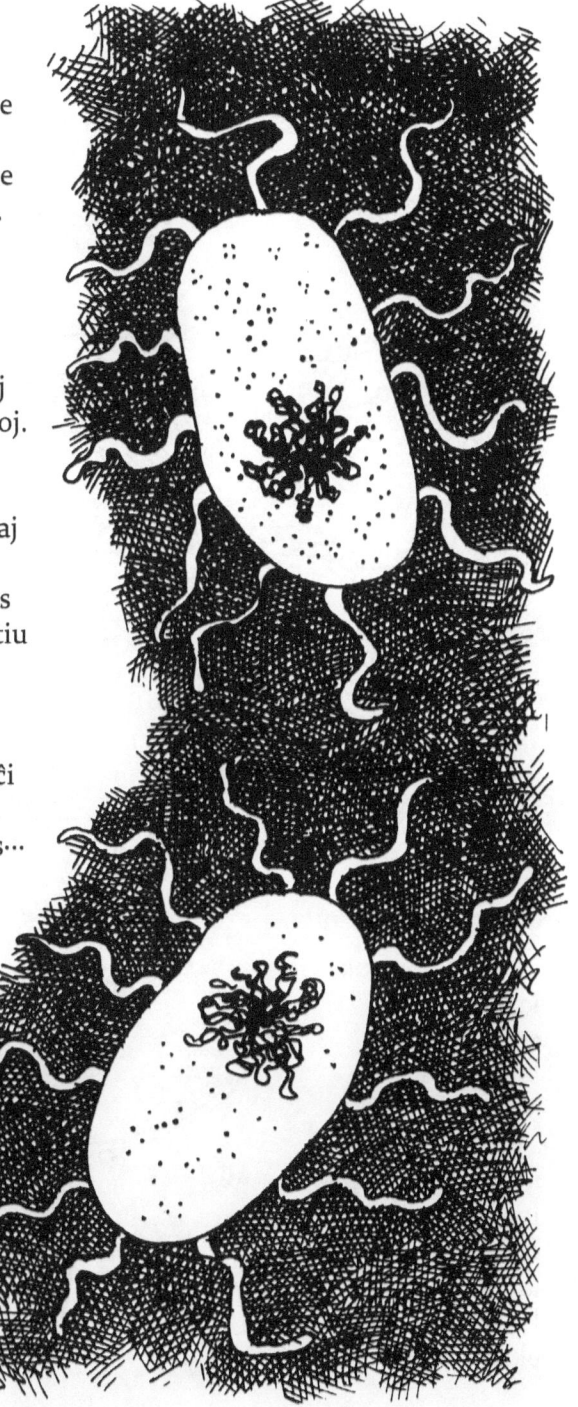

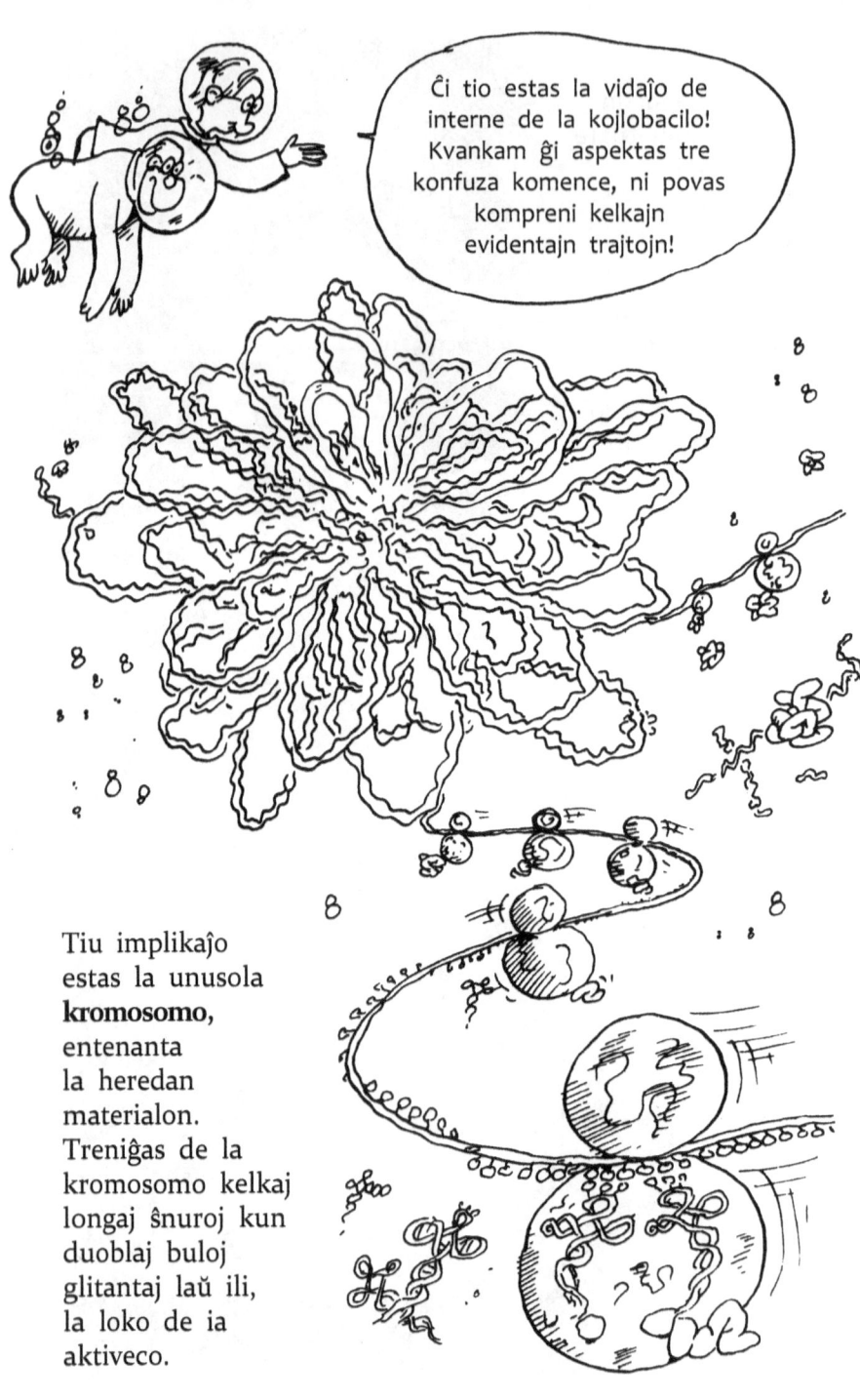

Ĉi tio estas la vidaĵo de interne de la kojlobacilo! Kvankam ĝi aspektas tre konfuza komence, ni povas kompreni kelkajn evidentajn trajtojn!

Tiu implikaĵo estas la unusola **kromosomo,** entenanta la heredan materialon. Treniĝas de la kromosomo kelkaj longaj ŝnuroj kun duoblaj buloj glitantaj laŭ ili, la loko de ia aktiveco.

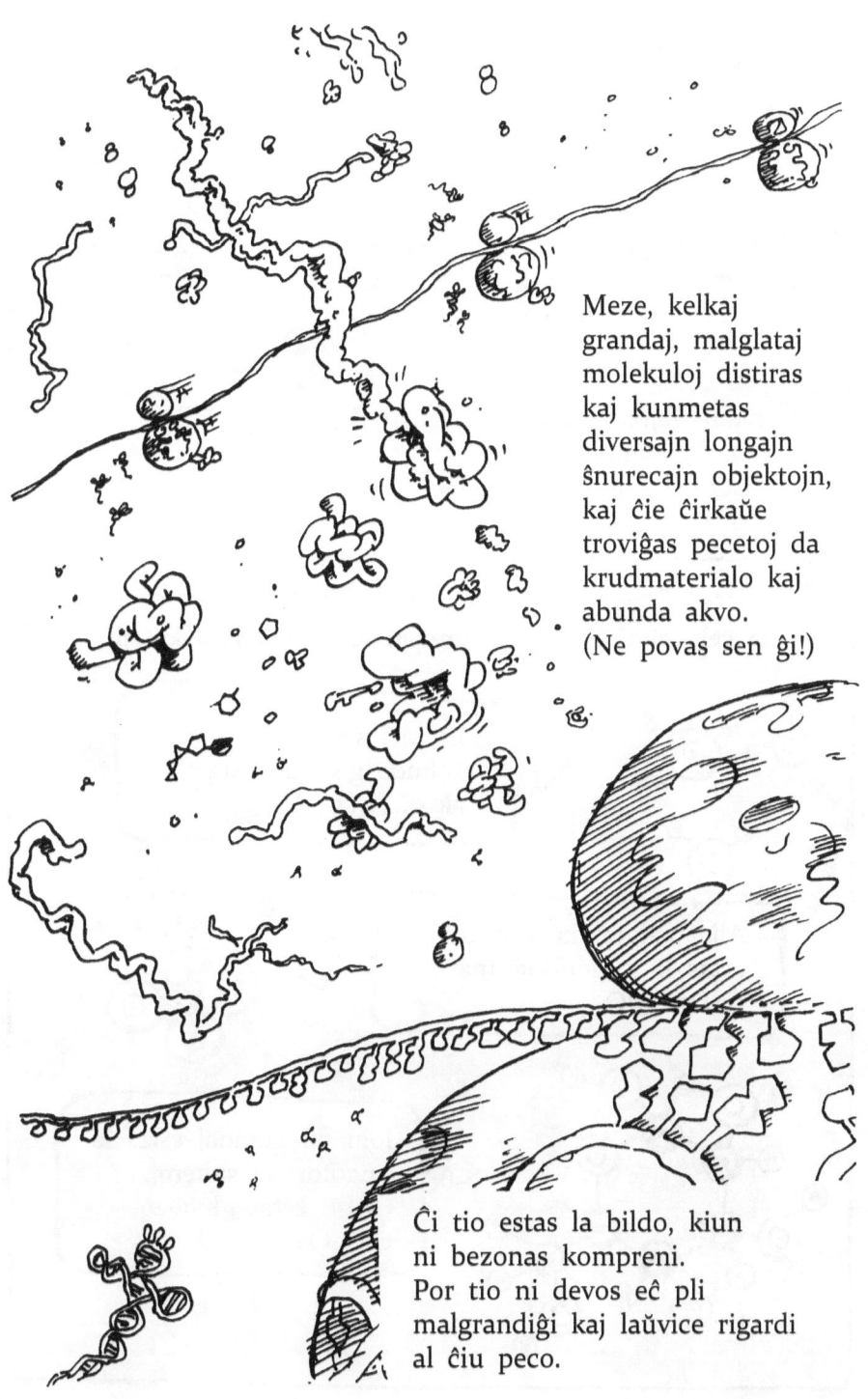

Meze, kelkaj grandaj, malglataj molekuloj distiras kaj kunmetas diversajn longajn ŝnurecajn objektojn, kaj ĉie ĉirkaŭe troviĝas pecetoj da krudmaterialo kaj abunda akvo.
(Ne povas sen ĝi!)

Ĉi tio estas la bildo, kiun ni bezonas kompreni. Por tio ni devos eĉ pli malgrandiĝi kaj laŭvice rigardi al ĉiu peco.

MAKROMOLEKULOJ

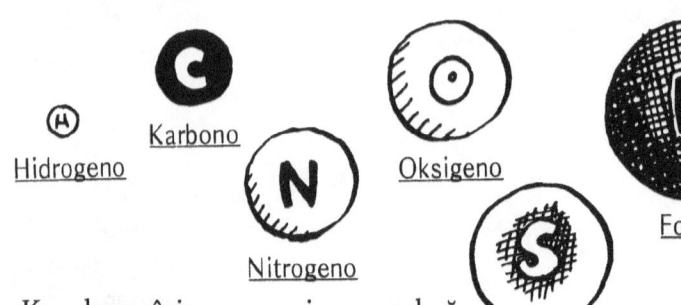

Hidrogeno

Karbono

Nitrogeno

Oksigeno

Sulfuro

Fosforo

Kvankam ŝajnas surprize, preskaŭ ĉio en tiu kompleksa bildo konsistas el nur ses malsamaj elementoj.

En la ĉelo ĉi tiuj atomoj kuniĝas por formi **molekulojn.**

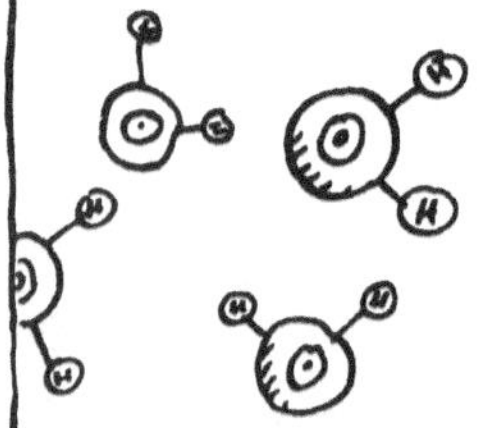

La plej simpla kaj plej abunda ĝis nun estas **akvo,** H_2O.

Alia malgranda molekulo estas la piramidoforma **fosfato,** PO_4.

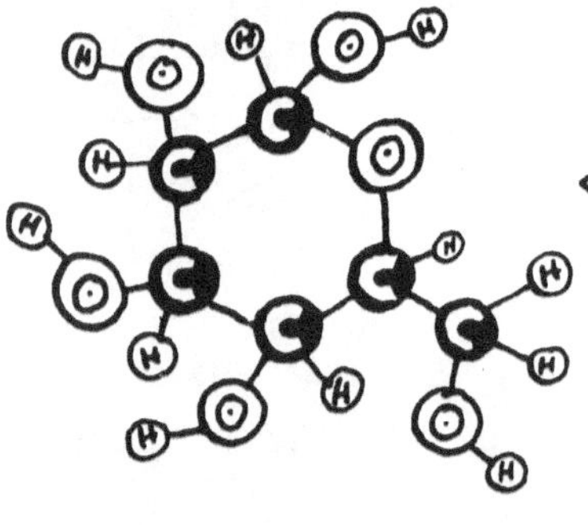

Iom pli grandaj estas la ringoformaj **sukeroj.** Ĉi tiu estas **glukozo,** $C_6H_{12}O_6$.

Sed la plejmultaj specoj de molekuloj en la vivanta ĉelo estas enormaj, konsistante el miloj da atomoj. Tiuj **makromolekuloj,** kvankam grandaj, estas ĝenerale faritaj per kunligado de multe da kopioj de identaj subunitoj.

Ĉirkaŭita de sukero! Mi estas en ĉielo!

Polisakaridoj, ekzemple, estas nur ĉenoj de sukermolekuloj.
Tipaj polisakaridoj estas **amelo** kaj **celulozo.**

Ba!

Lipidoj estas klaso de pli kompleksaj makromolekuloj, havantaj almenaŭ unu finon, kiu estas forpelata de akvo. Lipidoj formas ĉefan komponanton de ĉelmembranoj kaj inkludas la animalajn grasojn kaj vegetalajn oleojn.

Ankoraŭ pli kompleksaj, sed plej gravaj en genetiko, estas la **nukleaj acidoj** kaj **proteinoj.** Rigardu de proksime:

La brikoj por konstrui nukleajn acidojn nomiĝas **nukleotidoj.** Unuopa nukleotido mem havas tri komponantojn: **sukero, fosfato,** kaj **bazo,** kiel montrite —

Nukleotidoj interkroĉiĝas por fari *lonnnnnngan* sukero-fosfatan "spinon" kun sinsekvo da bazoj elŝovitaj:

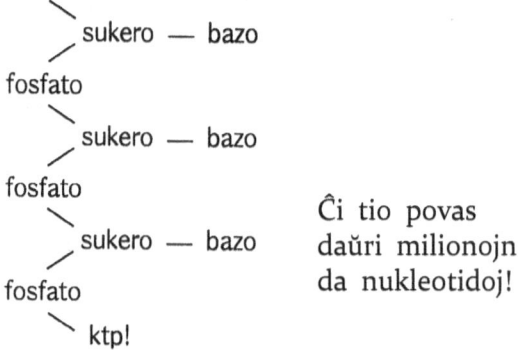

Ĉi tio povas daŭri milionojn da nukleotidoj!

La sukero povas esti unu el du specoj, kiujn ni ilustras ĉi tie sen ĉiuj iliaj ĝenaj hidrogenatomoj.
(Ili nur malordigas la bildon!)

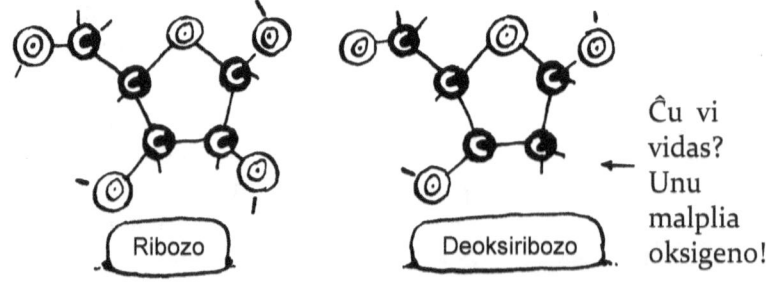

Ribozo

Deoksiribozo

Ĉu vi vidas? Unu malplia oksigeno!

La fosfata grupo pendas de la sukero ĉi tiel:

kaj la bazo iras ĉi tien.

Ni revenos al la bazoj poste. Nun ni nur diros, ke estas 5 specoj, kun la voknomoj **A, C, G, T,** kaj **U.**

En iu ajn certa makromolekulo de nuklea acido, ĉiuj sukeroj estas samaj.

Nuklea acido kun ribozo nomiĝas **ribonuklea acido,** aŭ **RNA.** Tiuj kun deoksiribozo nomiĝas **DNA.** (Deoksiribonuklea acido, kompreneble!)

En kaj DNA kaj RNA, la bazoj povas esti malsamaj de unu nukleotido al la apudaj, donante al nukleaj acidoj la aspekton de mesaĝoj en iu stranga molekula lingvo!

107

PROTEINOJ

estas la plej komplikaj makromolekuloj el ĉiuj. La biologo **Max Perutz** pasigis 25 jarojn — la plejmulton de sia kariero — analizante nur **unu** el ili: **hemoglobino,** la proteino kiu portas oksigenon tra la sangofluo. Pro ĉi tio Perutz ricevis la Nobelpremion en 1962.

Max, kial vi bezonis tiel longan tempon?

Mi bezonos pli longan tempon por klarigi...

Tamen, iusence ankaŭ proteinoj estas simplaj. Kiel aliaj makromolekuloj, ili estas longaj ĉenoj de pli malgrandaj subunitoj.

Fakte hemoglobino estas du paroj de tiaj ĉenoj, interkovrataj en simetria implikaĵo.

La subunitoj de proteinmolekuloj estas **aminoacidoj,** kiuj ne nomiĝis laŭ **Idi Amin,** la eksdiktatoro de Ugando.

Absurde! Kompreneble, jes!

Vi kredu min!

Oho! Jes⋯

La tipa aminoacido
aspektas jene:

Estas tiu amaso da aliaj
atomoj, kiu komplikas
aferojn.

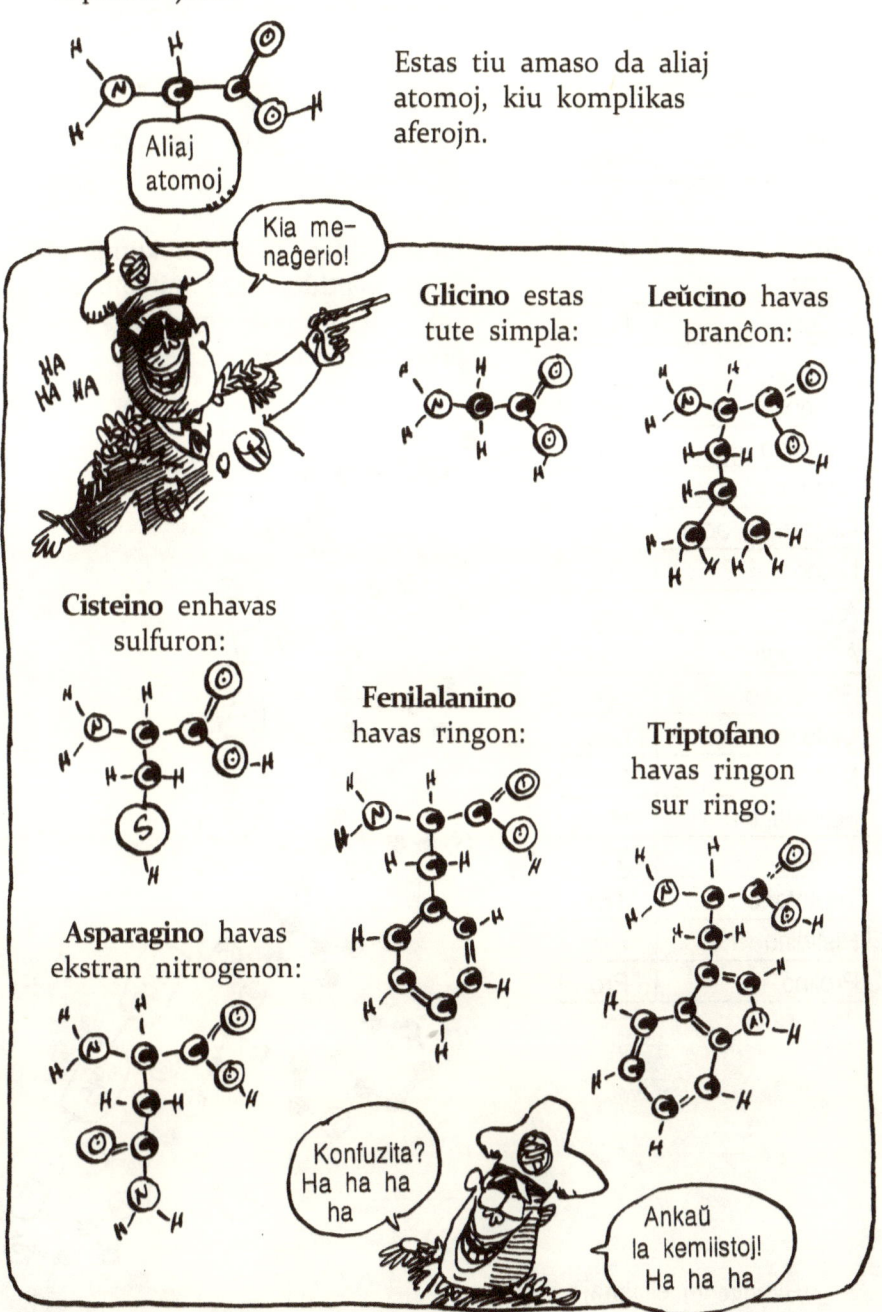

Kia me-
naĝerio!

Aliaj
atomoj

Glicino estas
tute simpla:

Leŭcino havas
branĉon:

Cisteino enhavas
sulfuron:

Fenilalanino
havas ringon:

Triptofano
havas ringon
sur ringo:

Asparagino havas
ekstran nitrogenon:

Konfuzita?
Ha ha ha
ha

Ankaŭ
la kemiistoj!
Ha ha ha

Entute ĉirkaŭ 20
"normaj" aminoacidoj
eniras en proteinon:

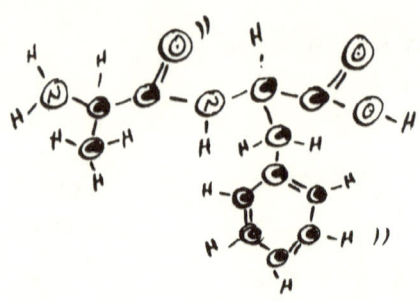

Aminoacido	Mal-longigo
Glicino	Gly
Alanino	Ala
Valino	Val
Leŭcino	Leu
Izoleŭcino	Ile
Serino	Ser
Treonino	Thr
Aspartata acido	Asp
Glutamata acido	Glu
Lizino	Lys
Arginino	Arg
Asparagino	Asn
Glutamino	Gln
Cisteino	Cys
Metionino	Met
Fenilalanino	Phe
Tirozino	Tyr
Triptofano	Trp
Histidino	His
Prolino	Pro

Iuj ajn du el ili povas kuniĝi por
formi **peptidon**. Aldonu iom pli,
kaj vi havos **polipeptidon**, aŭ
proteinan ĉenon.

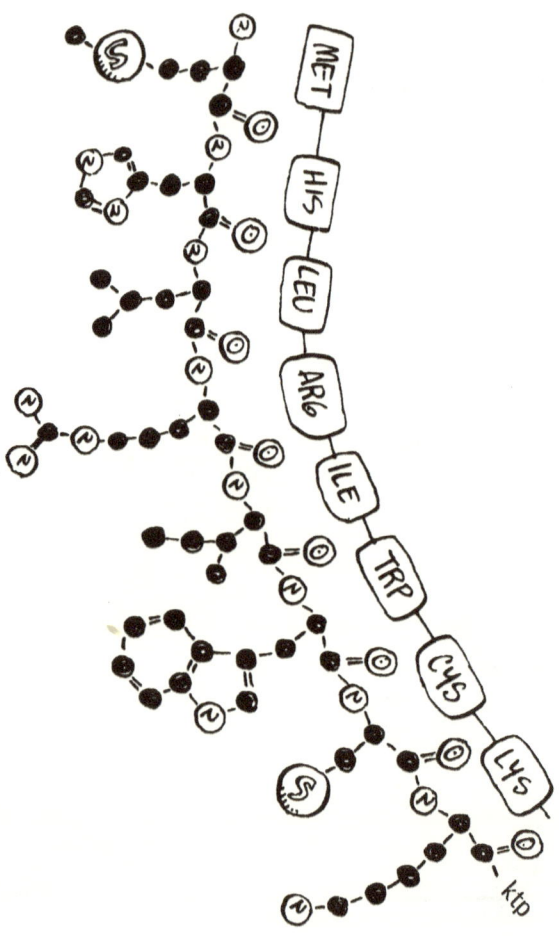

(Hidrogenoj ellasitaj)

Êĉ ne unu acido ekster-viciĝu!

Kluk! Gigl!

Ĉiuj proteinoj havas precizajn nombron kaj sinsekvon de aminoacidoj. Reciprokaj altiroj inter ili igas la ĉenon volviĝi en plene kompaktan, sed flekseblan formon.

Ofte, kiel ĉe hemoglobino, kelkaj polipeptidaj ĉenoj povas volviĝi kune.

Kion faras proteinoj por ĉelo? Vi verŝajne pensos ilin kiel ion, kio riĉigas ŝampuon··· aŭ eble vi konos pri la proteino en ungoj, plumoj, kaj haroj. Sed efektive, la plejmultaj proteinoj estas ankoraŭ io alia···

Nova!

Proteino-riĉigita GLORP
Evitu haran stomakon Ne trinku!

Ha ha ha··· Oj!

La plejmulto da proteinoj estas enzimoj!

Enzimoj estas proteinoj, kiuj apartigas aŭ kunigas aliajn molekulojn. Ĉiu enzimo respondecas pri nur unu specifa reakcio.

Tipa enzimo restas atendanta, ke la ĝustaj molekuloj venos ĉirkaŭen.

La enzimo ligiĝas al la malgrandaj molekuloj···

··· kaj kombinas ilin···

··· en novan molekulon, kiu poste liberiĝas.

La enzimo mem restas senŝanĝa dum la procezo.

Simile, **digestaj** enzimoj dispecigas grandajn molekulojn. Kelkaj specoj, ekzemple, deŝiras sukerojn de polisakaridoj!

Ĉi tiuj proteinoj estas tiel gravaj, ĉar efektive ĉiu kemia reakcio de vivulo plenumiĝas fare de iu enzimo.

Kiam kemiaĵoj suprenvenas tra la radikoj de la banana arbo, la enzimoj de la vegetaĵo konvertas ilin en la komponantojn de bananujo.

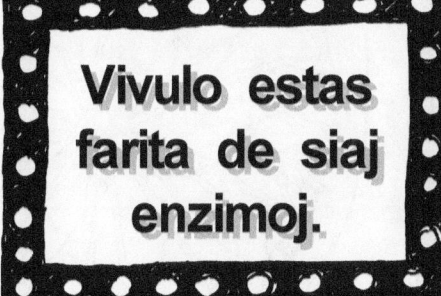

Poste, kiam la gorilo manĝas la bananon, la enzimoj de la simio digestas la frukton kaj ŝanĝas ĝin en simion.

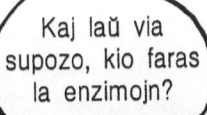

... kaj simile por kojlobacilo, kiu havas siajn proprajn enzimojn!

Alivorte:

Vivulo estas farita de siaj enzimoj.

Kaj laŭ via supozo, kio faras la enzimojn?

UNU GENO, UNU ENZIMO

BEADLE

TATUM

La interrilato inter genoj kaj enzimoj klariĝis unue en la 1940-aj jaroj, dank' al eksperimentoj plenumitaj de biologoj **George Beadle** kaj **Edward Tatum,** dum esploro pri mutaciaj stamoj de la ordinara panŝimo *Neurospora* kreskantaj en solvaĵoj de kemiaj nutraĵoj.

Troviĝis, ke ĉiu mutacistamo bezonas **pliajn kemiajn nutraĵojn** en sia dieto ol tiujn bezonatajn de normala ŝimo. Ekzemple, iu mutacistamo estis nutrenda per ekstra aminoacido, dum alia bezonis certan vitaminon.

Laŭ ilia trovo, la kialo estis, ke normala ŝimo povas produkti la mankajn nutraĵojn el aliaj kemiaĵoj···

···dum la mutacistamoj ne — ĉar al ili **mankas iuj el la enzimoj** necesaj por produkti tiujn nutraĵojn.

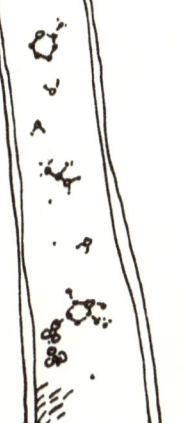

Post ampleksa krucado kaj biokemia analizo, la sciencistoj malkovris ĉi tion: la **mutacio de unuopa geno** kondukas al la **manko de unuopa enzimo.**

Aŭ, se paroli alie···

* *

La metabola rolo de la genoj estas fari enzimojn, kaj ĉiu geno respondecas pri unu specifa enzimo.

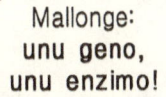

Mallonge: unu **geno,** unu enzimo!

Do, tio estas, kion genoj **faras** — fari enzimojn. Sed ankoraŭ neniu komprenis precize, kio ili **estis,** kvankam la unua paŝo en tiu direkto estis farita en la 1920-aj jaroj de **Fred Griffith.**

Tute hazarde, vere!

Griffith esploris pri du stamoj de la pneŭmonia bakterio **Pneumococcus,** aŭ pneŭmokoko. Unu estis la virulenta "sovaĝa stamo" trovata en naturo.

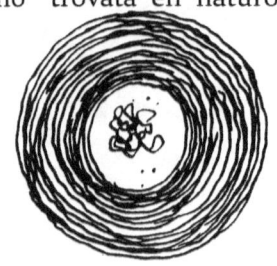

Al la alia mankis certa enzimo, kiu faras la dikan eksteran kapsulon troviĝantan en la sovaĝa stamo.

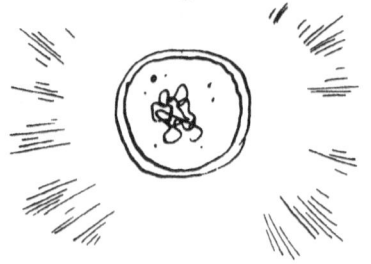

Kiam la sovaĝa stamo estis injektita en muson, ĝi ĉiam kaŭzis malsanon.

La mutacia pneŭmokoko, male, havis neniun efikon.

Hu!

116

Nun Griffith boligis iom da sovaĝa stamo, kaj tiel disŝiris kaj mortigis ilin.

Kiel antaŭvidite, ĉi tiuj varmo-mortigitaj bakterioj kaŭzis nenian difekton.

Ĉu vi ŝercas? Vi teruris min al morto!

Poste, nur por certiĝi, Griffith miksis iom da **varmo-mortigita sovaĝa stamo** kun **vivanta mutacistamo.**

Malgraŭ la fakto, ke ĉiu ingredienco mem estis sendanĝera —

?

La musoj ne nur mortis, sed vivantaj pneŭmokokoj de **sovaĝa** stamo troviĝis en iliaj korpoj! Griffith tute ne povis kompreni tion!

Fine, tio estis klarigita jene:

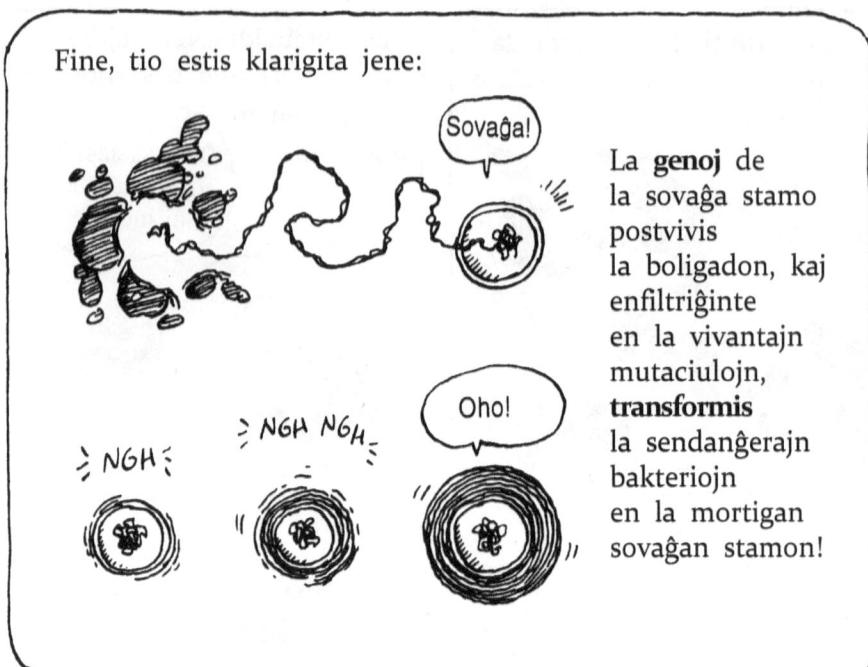

La **genoj** de la sovaĝa stamo postvivis la boligadon, kaj enfiltriĝinte en la vivantajn mutaciulojn, **transformis** la sendanĝerajn bakteriojn en la mortigan sovaĝan stamon!

En la 1940-aj jaroj, **Oswald Avery** komencis identigi tiun ĉi "transforman faktoron."

Boliginte bakteriojn en tinplena kvanto, Avery precipitis, ekstraktis, centrifugis, analizis, denove kaj denove···

ĝis li havis fingringon da pura hereda materialo···

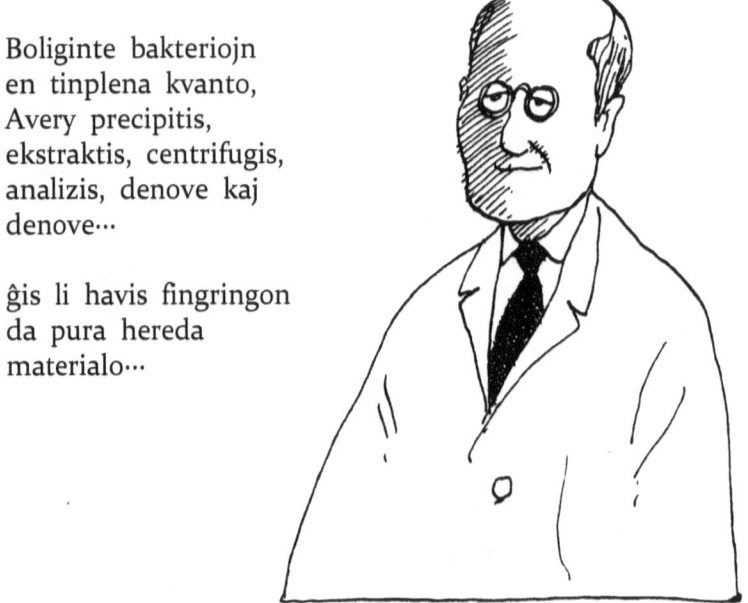

Kiam Avery anoncis siajn rezultojn en 1940, preskaŭ neniu kredis lin!

LA SPIRALA ŜTUPARO

DNA? Ĉu ĝi estas registara oficejo?

Antaŭ Avery, sciencistoj preskaŭ neniom atentis al DNA.

Ili konis, ke ĝi enhavas la sukeron **deoksiribozon, fosfaton,** kaj kvar **bazojn.**

La kvar bazoj estas konataj kiel **A, C, G,** kaj **T,** kiuj estas mallongigoj por:

Adenino

Citozino

Guanino

Timino

Oni supozis, ke ĉi tiuj troviĝas en samaj proporcioj.

Post Avery, tamen, esploristoj komencis studi pli detale.

Erwin Chargaff trovis:

① La konsisto de DNA variis de specio al specio, aparte en la relativaj kvantoj de la bazoj A, C, T, G.

② En iu ajn DNA, **la nombro de A** estis **sama kiel la nombro de T;** simile, la nombro de **C** estis egala al la nombro de **G.**

Kion ĉi tio signifis?
Chargaff ne povis respondi.

Studinte X-radiajn fotojn de DNA, **Rosalind Franklin** povis montri, ke la DNA molekulo verŝajne havas la korktirilan formon de **helico** kun du aŭ tri ĉenoj.

Sed ĉu ĝi estis du aŭ tri?

En 1952 **James Watson** kaj **Francis Crick** solvis la enigmon.

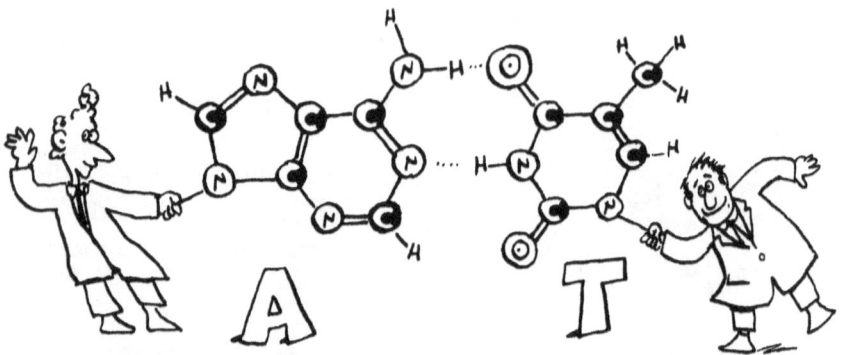

Ludante per laŭskala modelo de atomoj, ili observis, ke **adenino** bone metiĝas apud **timino**, dum **guanino** nature pariĝas kun **citozino**.

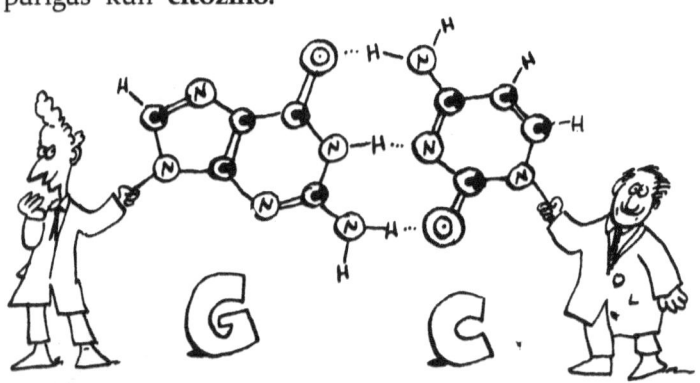

Ĉiu paro da bazoj kunteniĝos per **hidrogena ligo**, malforta altiro, kiu okazas inter hidrogeno sur iu molekulo kaj nehidrogena atomo sur alia molekulo.

Ankaŭ estis klare, ke A ne pariĝas kun C, nek G kun T.

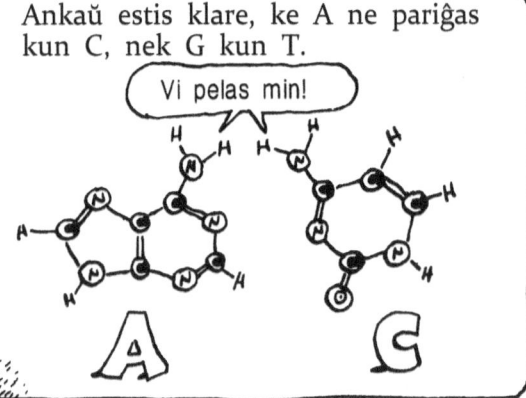

Vi pelas min!

Ĉiu el ĉi tiuj du **bazparoj** estas proksimume plata:

Tial Watson kaj Crick proponis stakigi ilin unu post alia, kiel ŝtupojn. Du sukero-fosfataj spinoj ĉirkaŭvolviĝas ekstere.

Ĉi estas **duobla helico**!

Unu komplikaĵo: la du ĉenoj kuntordiĝas en **malaj** direktoj. La sukeroj sur unu ĉeno estas renversitaj, kompare kun tiuj sur la alia ĉeno —

ktp!

Sukero

Fosfato

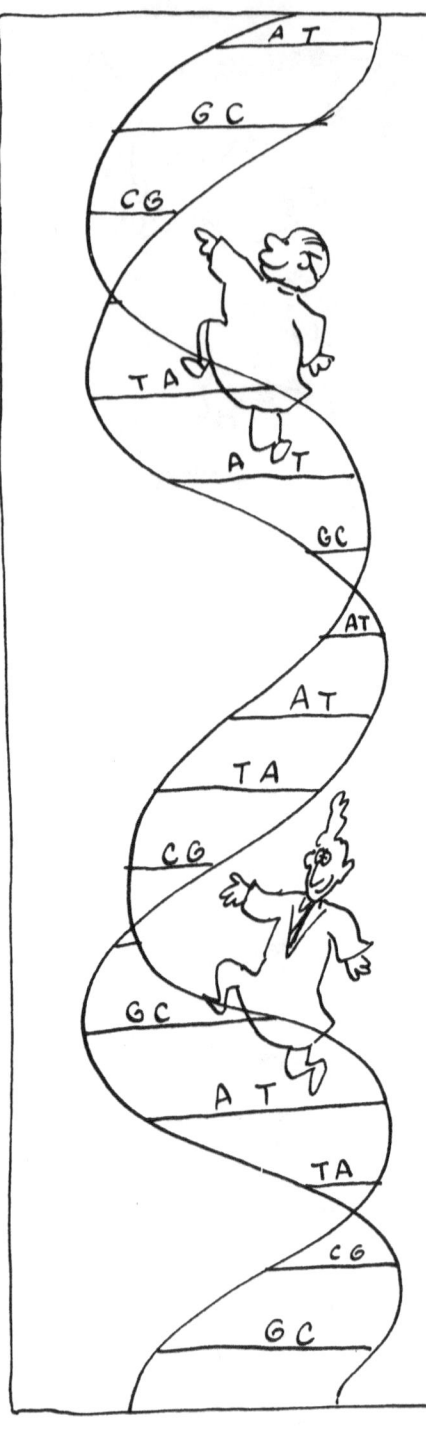

Ĉi tiu modelo plene klarigas la observon de Chargaff, ke la nombro de T estas sama kiel la nombro de A: T kaj A ĉiam kunpariĝas!

Same por G kaj C!

Ĉi tio estas la **principo de komplementeco:** ĉiu bazo povas pariĝi kun nur unu alia, nomata ĝia **komplemento.**

Watson kaj Crick ekhavis la ideon! Ili skribis:

"Ne eskapis nian atenton tio, ke la pariĝo··· tuj sugestas eblan mekanismon por kopiado de la hereda materialo."

Vere, ĝi estas la ŝlosilo al la ĉefaj funkcioj de genoj: replikado kaj proteina sintezo.

REPLIKADO

Genkopiado, aŭ **DNA-replikado**, kiel Watson kaj Crick vidis, estas simpla principe. Ĉiu ĉeno de la duobla helico entenas la informon necesan por fari sian komplementan ĉenon.

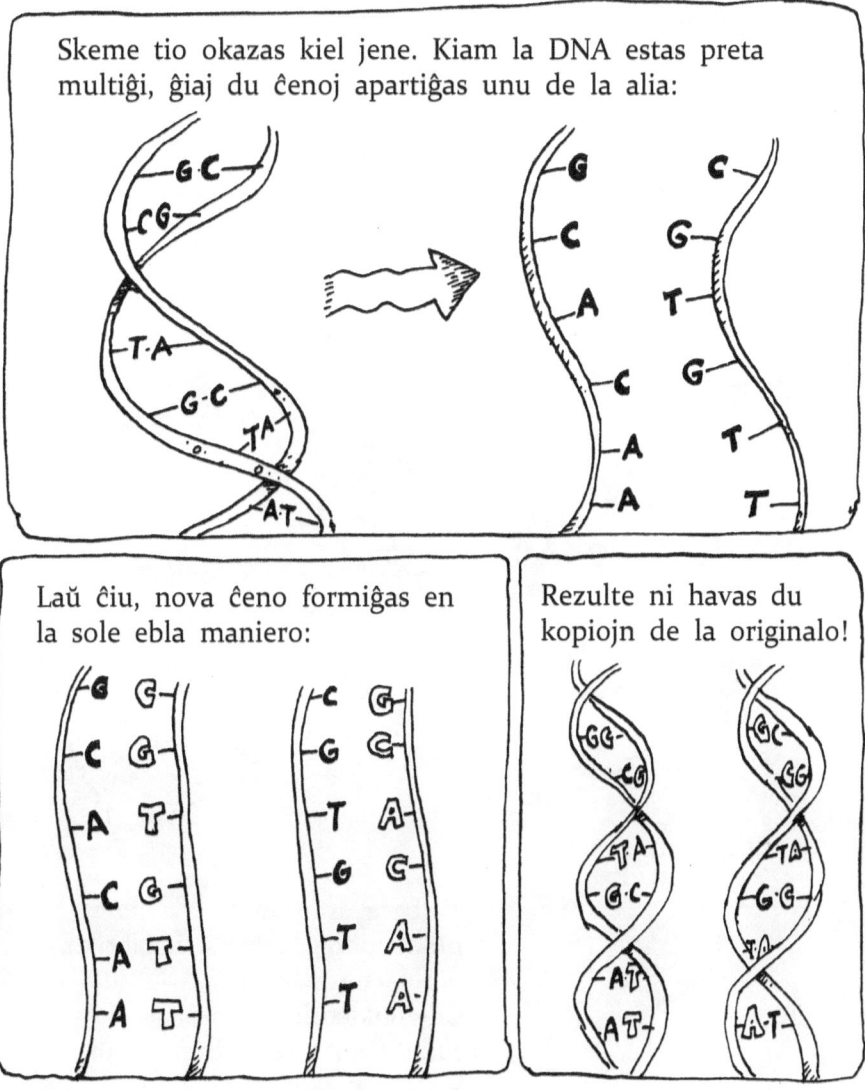

Skeme tio okazas kiel jene. Kiam la DNA estas preta multiĝi, ĝiaj du ĉenoj apartiĝas unu de la alia:

Laŭ ĉiu, nova ĉeno formiĝas en la sole ebla maniero:

Rezulte ni havas du kopiojn de la originalo!

Mi bezonas malvolviĝi!

Praktike la procezo de replikado estas multe pli komplika. Eĉ en multe studita kojlobacilo, oni komprenas ĝin neperfekte.

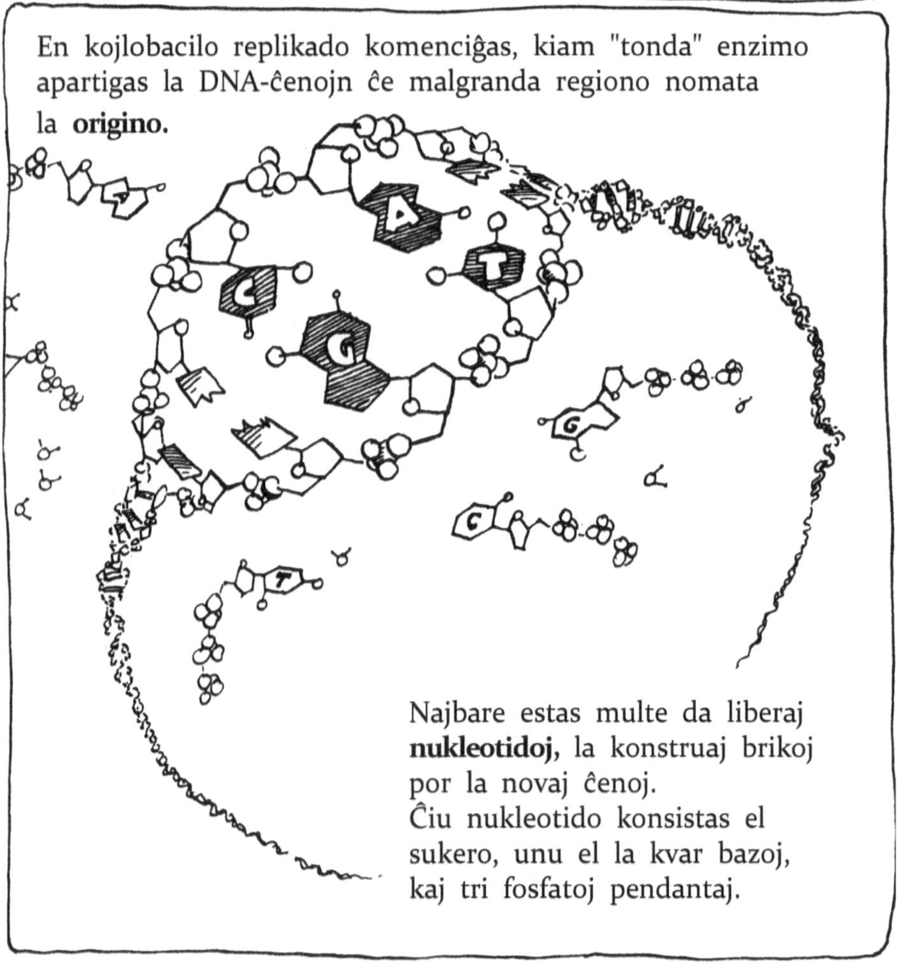

En kojlobacilo replikado komenciĝas, kiam "tonda" enzimo apartigas la DNA-ĉenojn ĉe malgranda regiono nomata la **origino.**

Najbare estas multe da liberaj **nukleotidoj,** la konstruaj brikoj por la novaj ĉenoj.
Ĉiu nukleotido konsistas el sukero, unu el la kvar bazoj, kaj tri fosfatoj pendantaj.

Kiam libera nukleotido renkontas sian komplementan bazon sur la DNA, ĝi fiksiĝas al ĉi tiu, dum la "malĝustaj" nukleotidoj resaltas for.

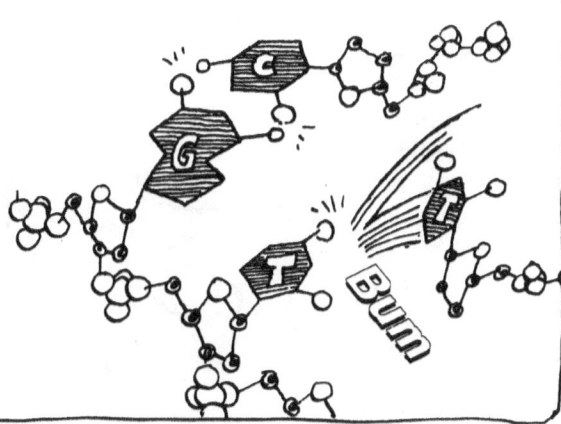

Kiam la "tonda" enzimo malfermas la DNA-n plu, pli da nukleotidoj aldoniĝas, kaj alia enzimo nomata DNA-polimerazo kunmetas ilin, detranĉante la ekstrajn fosfatojn.

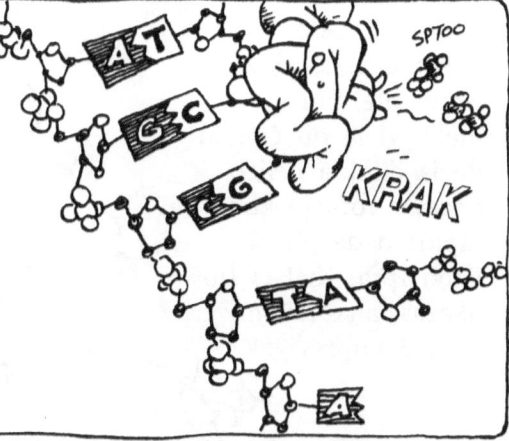

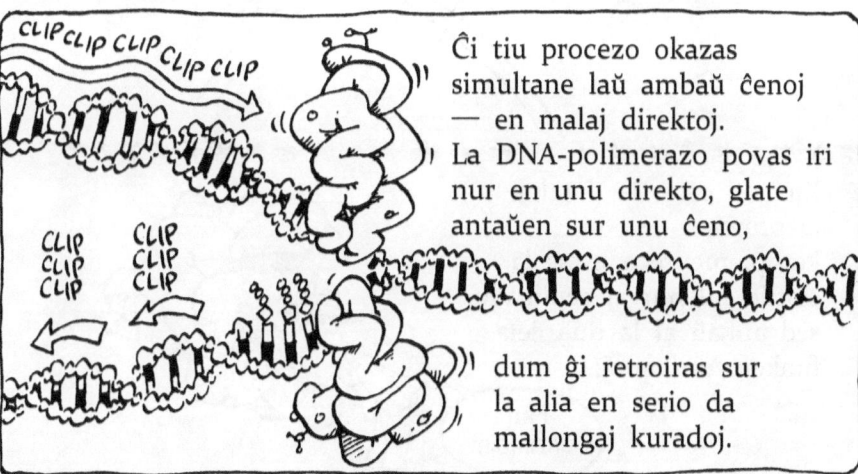

Ĉi tiu procezo okazas simultane laŭ ambaŭ ĉenoj — en malaj direktoj. La DNA-polimerazo povas iri nur en unu direkto, glate antaŭen sur unu ĉeno,

dum ĝi retroiras sur la alia en serio da mallongaj kuradoj.

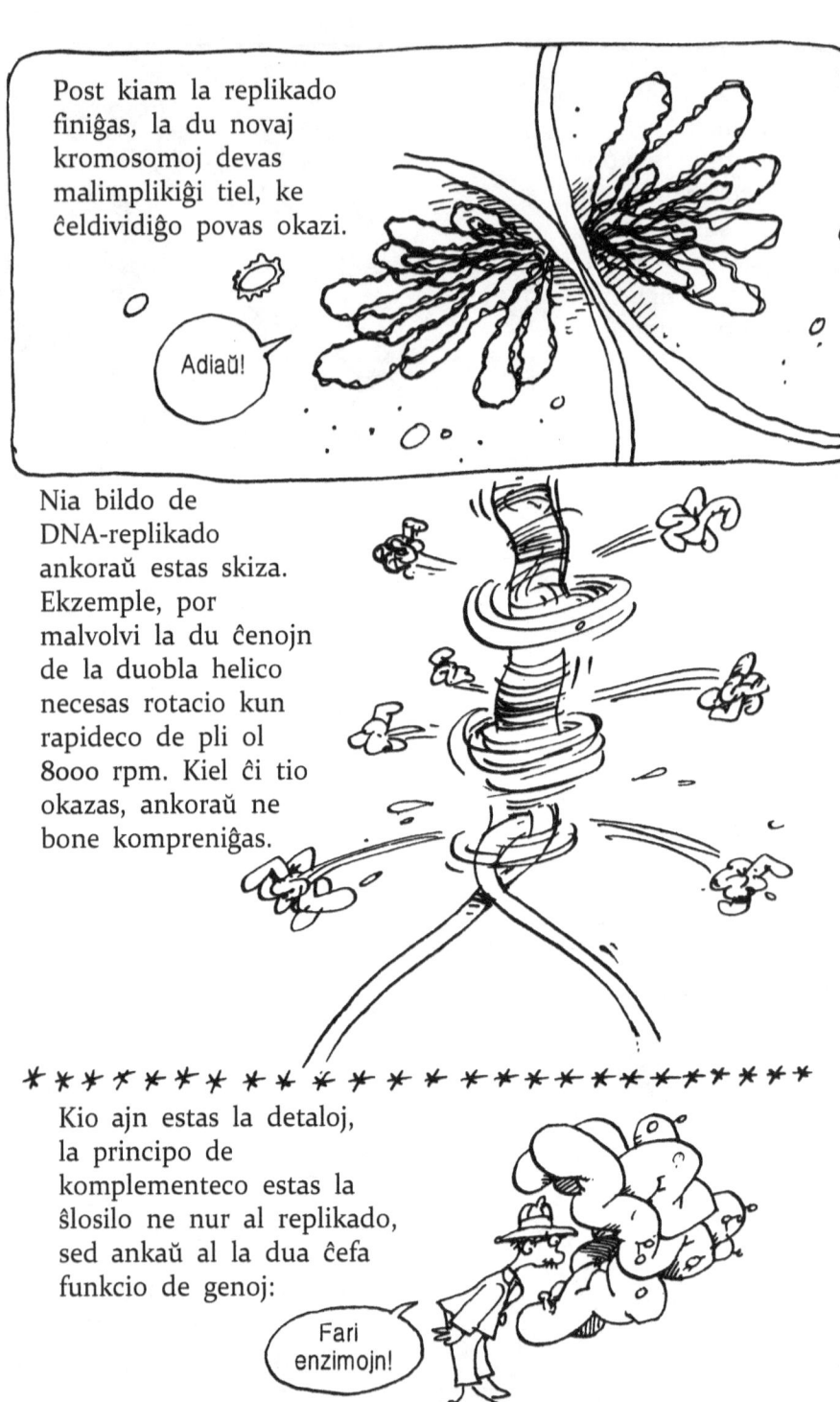

Post kiam la replikado finiĝas, la du novaj kromosomoj devas malimplikiĝi tiel, ke ĉeldividiĝo povas okazi.

Adiaŭ!

Nia bildo de DNA-replikado ankoraŭ estas skiza. Ekzemple, por malvolvi la du ĉenojn de la duobla helico necesas rotacio kun rapideco de pli ol 8000 rpm. Kiel ĉi tio okazas, ankoraŭ ne bone kompreniĝas.

Kio ajn estas la detaloj, la principo de komplementeco estas la ŝlosilo ne nur al replikado, sed ankaŭ al la dua ĉefa funkcio de genoj:

Fari enzimojn!

La **Molekulo** Estas la **Mesaĝo**.

Enzimoj kaj aliaj proteinoj havas diversajn formojn, sed en unuece ĉiuj el ili estas similaj.

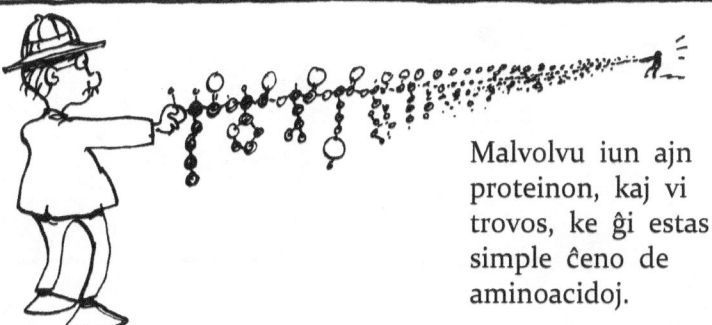

Malvolvu iun ajn proteinon, kaj vi trovos, ke ĝi estas simple ĉeno de aminoacidoj.

Liberigu la finojn, kaj la proteino revolvos sin mem, pro la reciprokaj altiroj inter la komponantoj.

(Efektive, multaj proteinoj bezonas helpon de alia proteino nomata **"ŝaperono"** por volviĝi.)

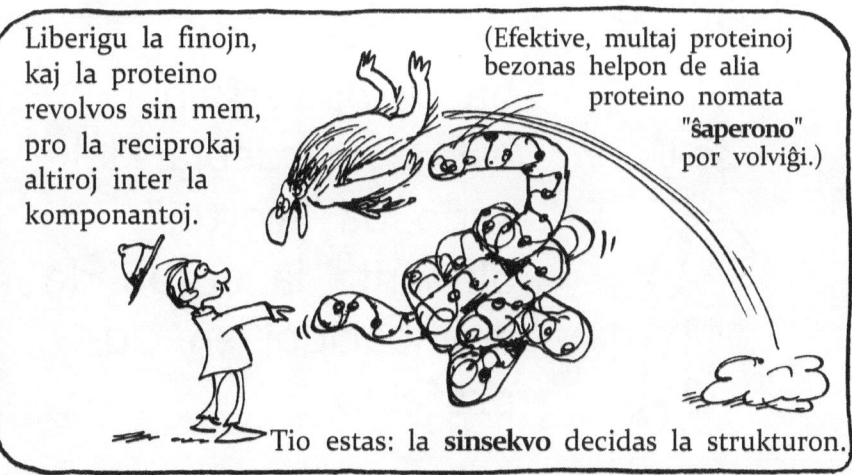

Tio estas: la **sinsekvo** decidas la strukturon.

Se konsideri la interrilaton inter genoj kaj proteinoj, ĉi tio sugestas, ke la **sinsekvo de DNA** devas iel paraleli aŭ speguli la **sinsekvon de la proteino.**

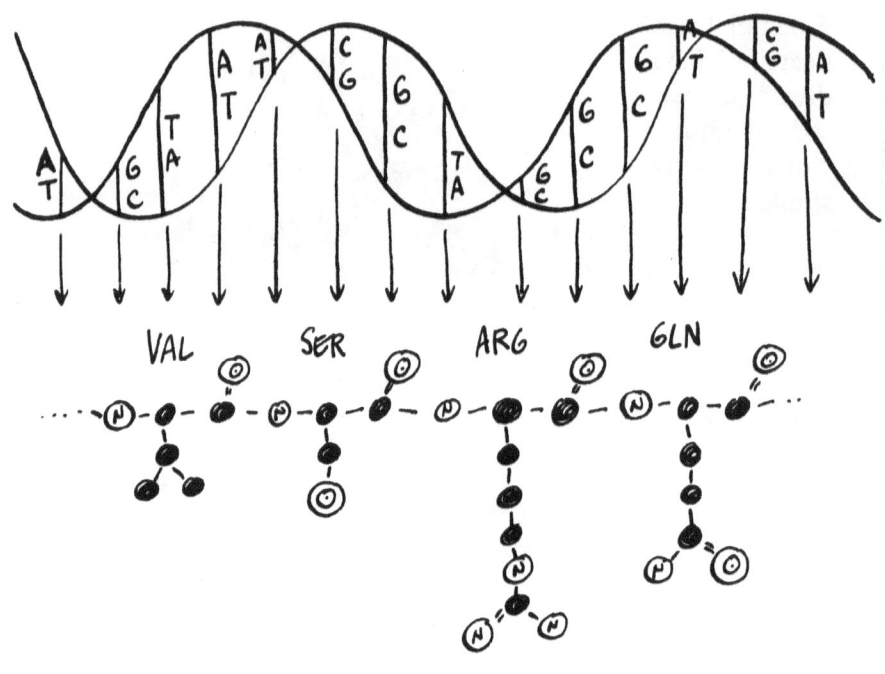

La ĉefa ideo:

La sinsekvo de bazparoj verŝajne estos rigardebla kiel serio da "vortoj" difinanta la ordon de aminoacidoj en ĉiu proteino.

130

Kial vivo devas esti tiel komplika?

Por fari la tradukadon el DNA-"vortoj" en aminoacidojn, eleganta molekula maŝinaro ludas sian rolon.

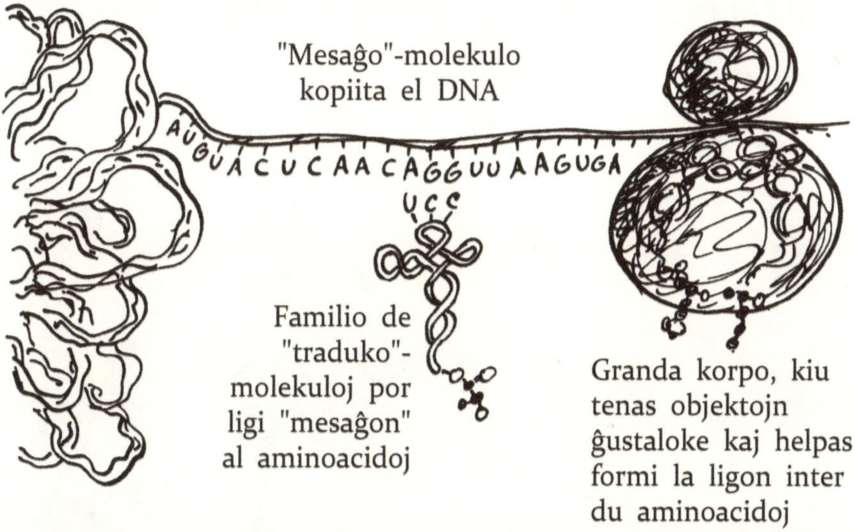

"Mesaĝo"-molekulo kopiita el DNA

AUGUACUCAACAGGUUAAGUGA

UCC

Familio de "traduko"-molekuloj por ligi "mesaĝon" al aminoacidoj

Granda korpo, kiu tenas objektojn ĝustaloke kaj helpas formi la ligon inter du aminoacidoj

Ĉiuj ĉi tiuj tri komponantoj konsistas parte aŭ tute el tiu **alia** nuklea acido:

R-N-A-A-A···

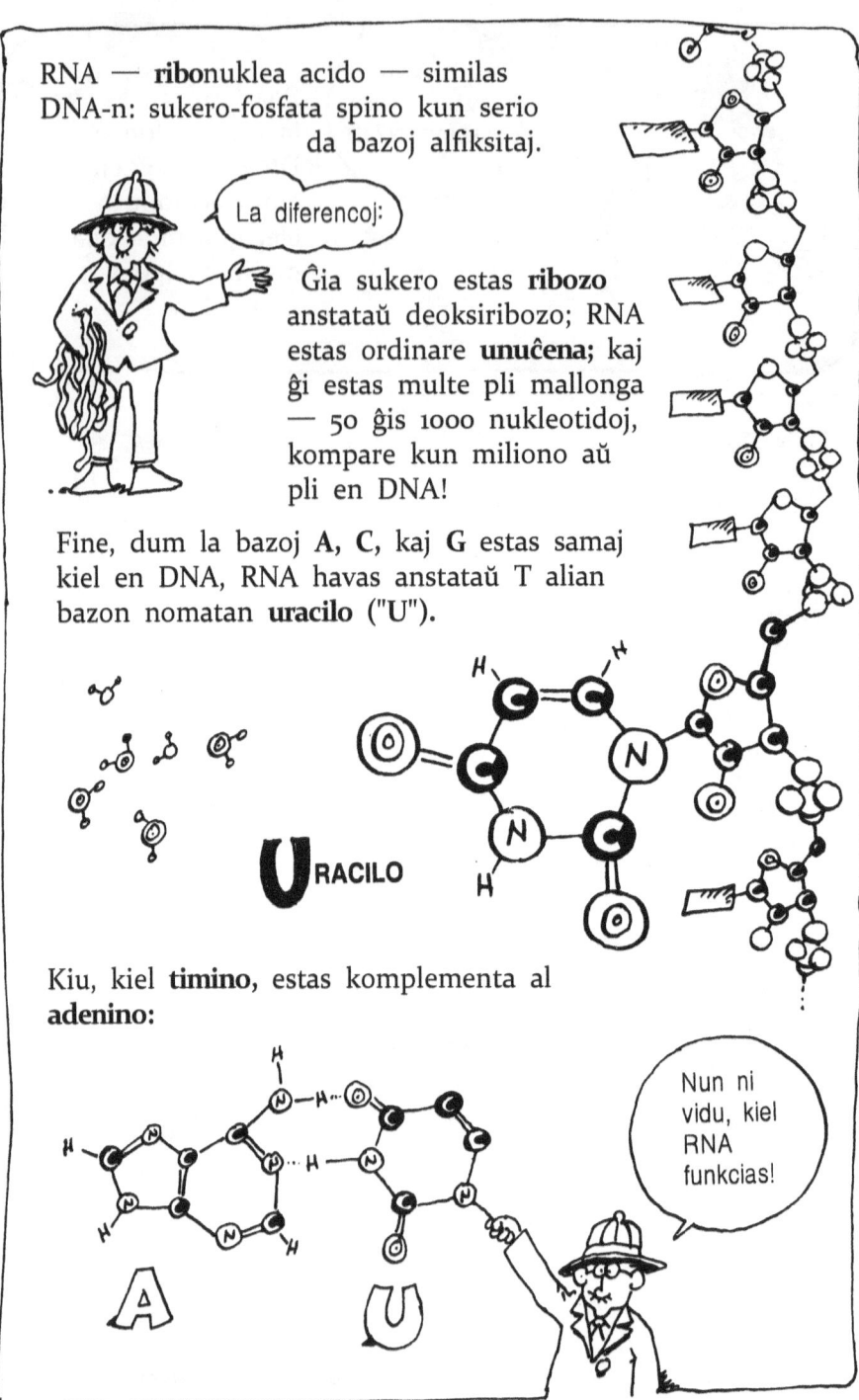

RNA — **ribo**nuklea acido — similas DNA-n: sukero-fosfata spino kun serio da bazoj alfiksitaj.

La diferencoj:

Ĝia sukero estas **ribozo** anstataŭ deoksiribozo; RNA estas ordinare **unuĉena;** kaj ĝi estas multe pli mallonga — 50 ĝis 1000 nukleotidoj, kompare kun miliono aŭ pli en DNA!

Fine, dum la bazoj **A, C,** kaj **G** estas samaj kiel en DNA, RNA havas anstataŭ T alian bazon nomatan **uracilo** ("U").

URACILO

Kiu, kiel **timino,** estas komplementa al **adenino:**

Nun ni vidu, kiel RNA funkcias!

A   **U**

132

Proteina sintezo komenciĝas, kiam iu regiono de DNA malfermiĝas kaj molekulo de RNA konstruiĝas laŭ unu ĉeno fare de enzimo nomata **RNA-polimerazo**. Ĉi tiu procezo nomiĝas **transskribado**.

Ĝi okazas kiel en DNA-replikado: ĉiu bazo de la RNA estas komplementa al la interresponda bazo sur la DNA.

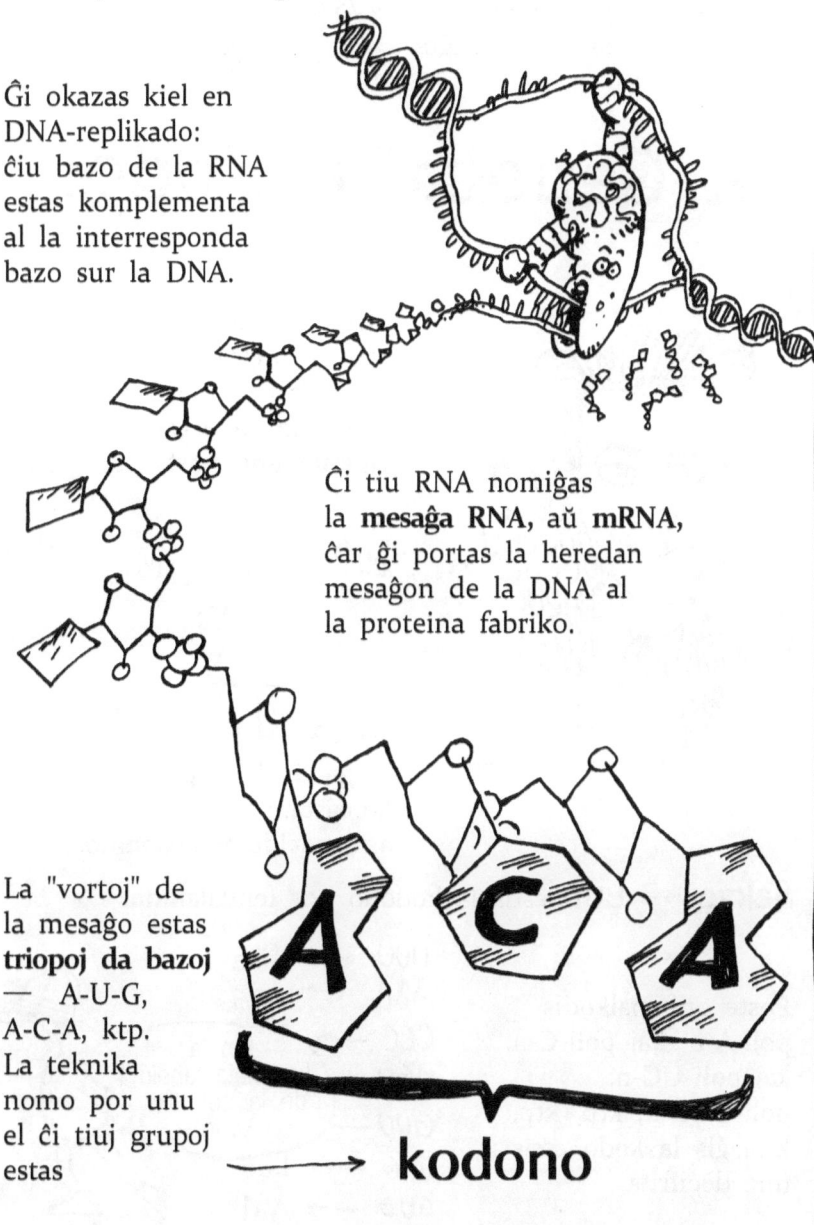

Ĉi tiu RNA nomiĝas la **mesaĝa RNA**, aŭ **mRNA**, ĉar ĝi portas la heredan mesaĝon de la DNA al la proteina fabriko.

La "vortoj" de la mesaĝo estas **triopoj da bazoj** — A-U-G, A-C-A, ktp. La teknika nomo por unu el ĉi tiuj grupoj estas ⟶ **kodono**

133

Ĉiu 3-baza kodono reprezentas unuopan aminoacidon, kaj la tuta mRNA-ĉeno enkodigas unu proteinon (aŭ kelkajn proteinojn). Ĝi estas ĝuste kiel mesaĝo en kodo —

La Genetika Kodo!

Deĉifri la kodon komenciĝis en 1961, kiam **Marshall Nirenberg** povis fari specialan mRNA-n, kies sola bazo estis **uracilo** ripetita unu post alia, "poli-U."

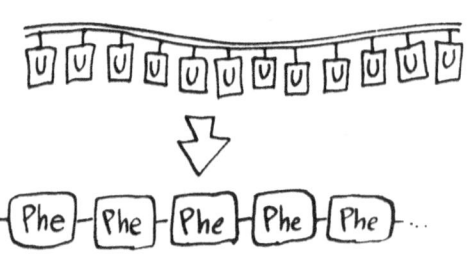

El ĝi, li akiris proteinon konsistantan tute el la aminoacido **fenilalanino.**

Sekve, — UUU estis la kodono por fenilalanino.

Poste oni malkodis poli-A-n, kaj poli-C-n, kaj poli-UG-n, poli-UGU-n, ktp, ktp, ktp, ĝis la kodo estis fine deĉifrita.

UUU → Phe
AAA → Lys
CCC →
UGU —
GUU —
Jen la kompleta tabelo de la genetika kodo.
UUG → Leu
GUG → Val

Unua litero / **Tria litero**

	U	C	A	G	
U	UUU UUC } PHE UUA UUG } LEU	UCU UCC UCA UCG } SER	UAU UAC } TYR UAA UAG } Halto	UGU UGC } CYS UGA Halto UGG TRP	U C A G
C	CUU CUC CUA CUG } LEU	CCU CCC CCA CCG } PRO	CAU CAC } HIS CAA CAG } GLN	CGU CGC CGA CGG } ARG	U C A G
A	AUU AUC } ILE AUA AUG MET	ACU ACC ACA ACG } THR	AAU AAC } ASN AAA AAG } LYS	AGU AGC } SER AGA AGG } ARG	U C A G
G	GUU GUC GUA GUG } VAL	GCU GCC GCA GCG } ALA	GAU GAC } ASP GAA GAG } GLU	GGU GGC GGA GGG } GLY	U C A G

Kelkaj elstaraj punktoj:

La kodo estas **superflua.** Kun 64 eblaj kodonoj, sed nur 20 aminoacidoj, devas troviĝi "sinonimoj," malsamaj kodonoj, kiuj enkodigas la saman aminoacidon.

Estas "halto"-signaloj. Tri kodonoj povas enkodigi neniun ajn aminoacidon. Ĉi tiuj servas por fini mesaĝojn.

Ankaŭ: la kodo estas ne-interkovranta. La "vortoj" sekvas unu la alian sen breĉoj aŭ interkovroj. Ni baldaŭ vidos, kiel ĝi scias kie komenci.

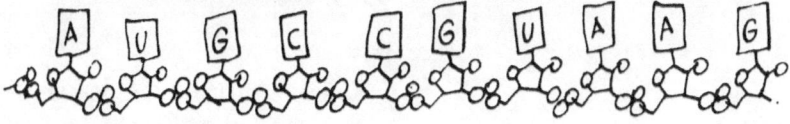

La efektivaj tradukantoj de la genetika kodo estas grupo da RNA-molekuloj nomataj **transdona RNA**, aŭ **tRNA**. Pro pariĝo inter ĝiaj bazoj, tRNA tordas sin mem en ĉi tiun ŝlosilo-formon.

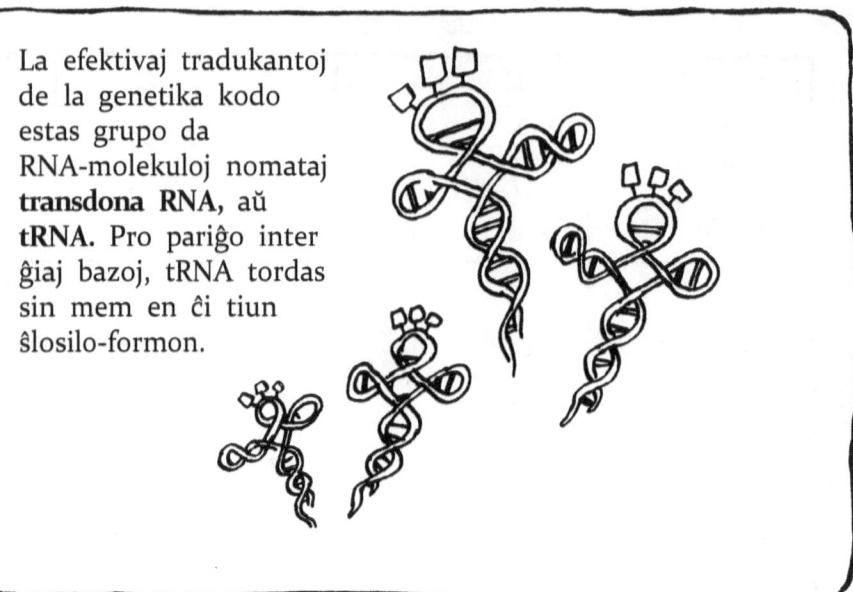

La maŝa fino de tRNA havas tri neipariĝintajn bazojn. Ĉi tiu **"kontraŭkodono"** povas pariĝi kun la komplementa kodono de mRNA. Ĉe la "vosta" fino de tRNA estas loko por alfiksi unuopan aminoacidon.

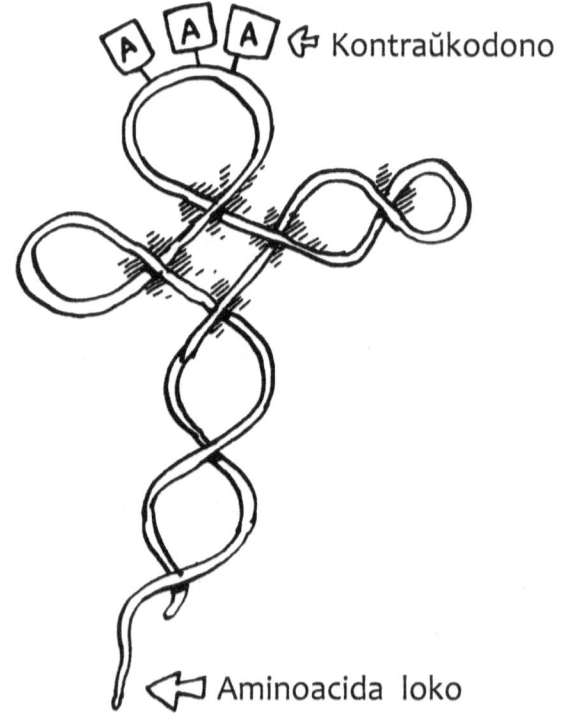

⇦ Kontraŭkodono

⇐ Aminoacida loko

Por ĉiu kontraŭkodono estas enzimo, kiu rekonas ĝin kaj alfiksas la konvenan aminoacidon al ĝia tRNA.

Post kiam aminoacido ligiĝas, la kontraŭkodono pariĝas kun la komplementa kodono de mesaĝo.

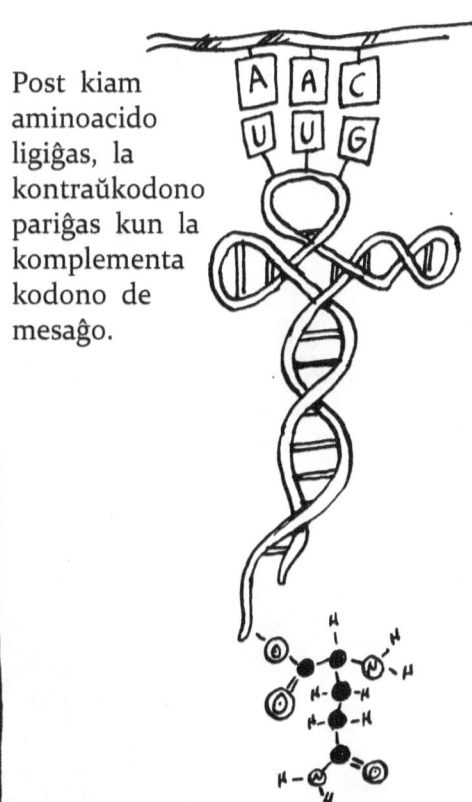

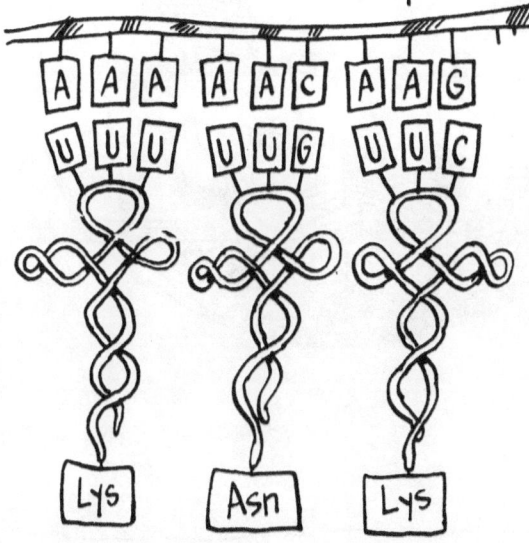

Skeme, ĉi tio montras, kiel sinsekvo de bazoj tradukiĝas en sinsekvon de aminoacidoj.
Tamen, la ĉelo bezonas unu plian pecon de ekipaĵo por funkciigi ĝin: la **ribosomon.**

Kiel Proteinoj Estas Sintezataj

La lasta ingredienco en la proteinsinteza aparato estas objekto, kiu tenas ĉion ĝustaloke.

Ĉi tio estas la **ribosomo,** duobla globo konsistanta el ĉirkaŭ 50 proteinoj kaj RNA.
Ĉi tiu RNA nomiĝas **ribosoma RNA, rRNA** mallonge.

La ribosomo havas du fendojn, en kiujn tRNA-molekuloj povas kuŝiĝi komforte.

Nun por fari proteinon: kiam la mRNA ellegas la DNA-sinsekvon, ĝi eniras en maron da ribosomoj.

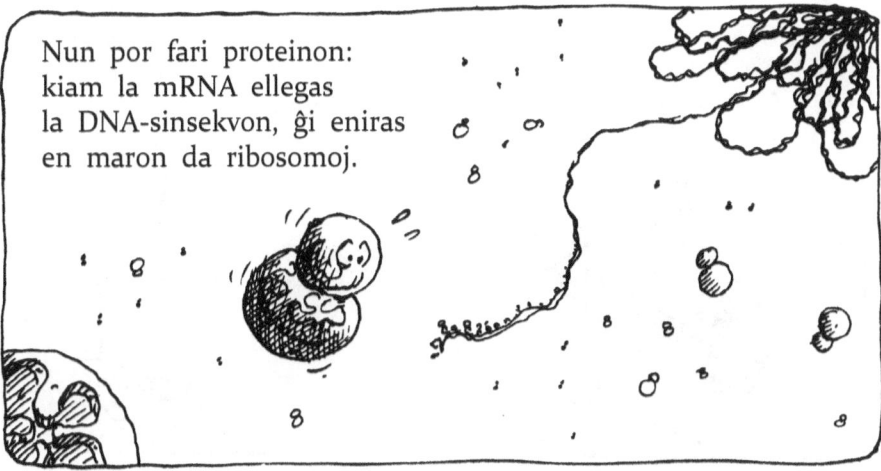

Ribosomo ligiĝas al la mRNA, unu duono post la alia.

La loko de ligiĝo situas ĉe aŭ proksime de la kodono A · U · G.

Sekve, A · U · G estas ĉiam la unua "vorto" de ĉiuj mesaĝoj.

Ĉiu A · U · G kaj la tuj apuda kodono ligiĝas kun komplementaj tRNA-j, kiuj kuŝiĝas en la fendojn sur la ribosomo.

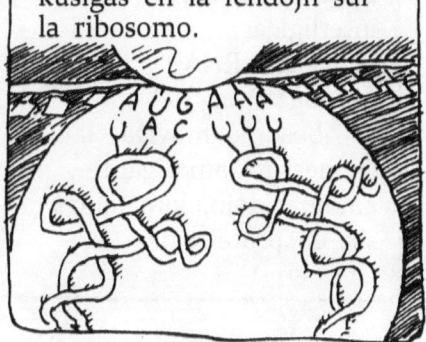

Ĉiu tRNA portas aminoacidon (AA). La unua aminoacido ĉiam estas **metionino**, kiu respondas al A · U · G.

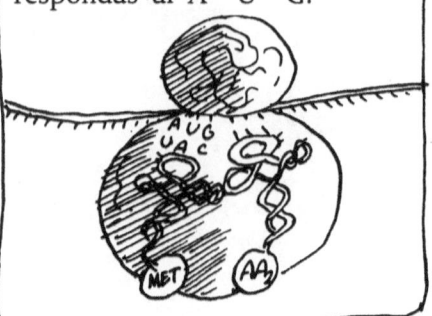

Enzimo en la ribosomo interligas la du aminoacidojn, kaj la unua tRNA forflosas.

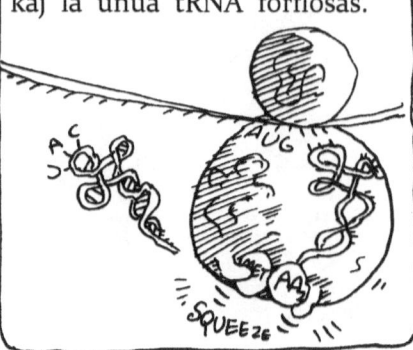

La ribosomo poste moviĝas antaŭen tri pliajn bazojn.

Alia tRNA kaj aminoacido alligiĝas.

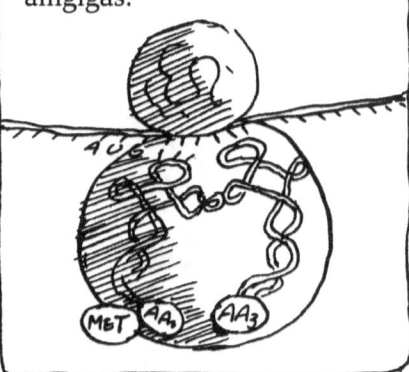

La aminoacidoj interligiĝas; la "vaka" tRNA forĵetiĝas; kaj tiel la ribosomo moviĝas laŭ la mesaĝo, amasigante aminoacidojn, kiuj faldas sin en proteinon.

La procezo daŭras, ĝis la ribosomo atingas unu el la "halto"-signaloj.

Ĝi haltas, ĉar troviĝas neniu tRNA kun kontraŭkodono por pariĝi.

La kompleta proteino detondiĝas fare de alia ribosoma enzimo.

Ankaŭ estas ordinare ĉe ĉi tiu punkto, ke la proteino netiĝas diversmaniere.

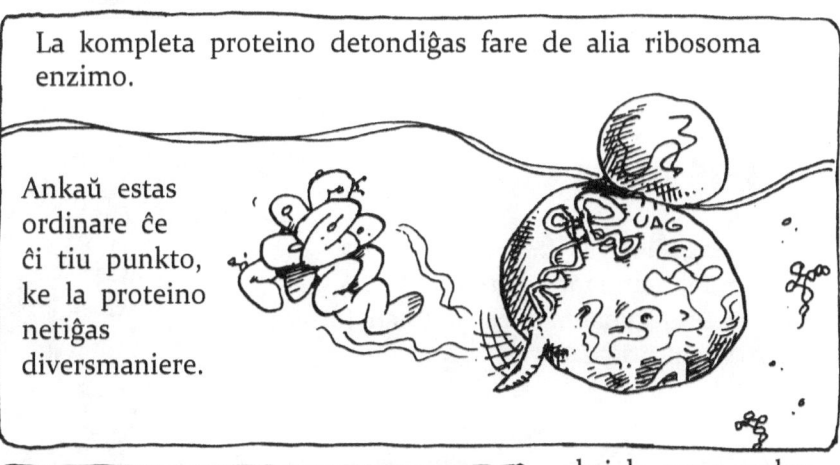

Fine, la ribosomo, mesaĝo, kaj tRNA disiĝas···

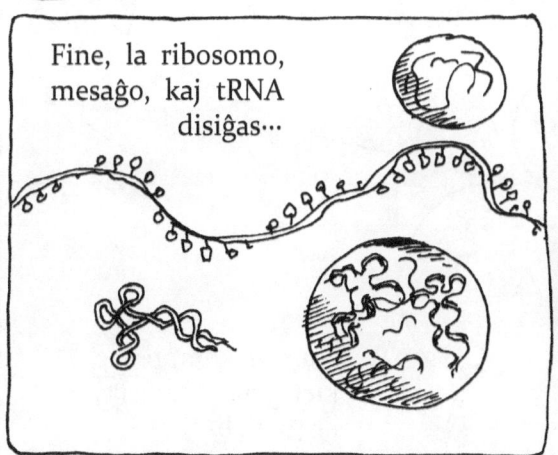

···kaj la nova makro-molekulo foriras por plenumi sian taskon: strukturo, enzimo, aŭ io ajn.

En la vivanta ĉelo, ĉiuj ĉi tiuj procezoj okazas kune. Jen estas, kiel ĝi aspektas en **kojlobacilo.**

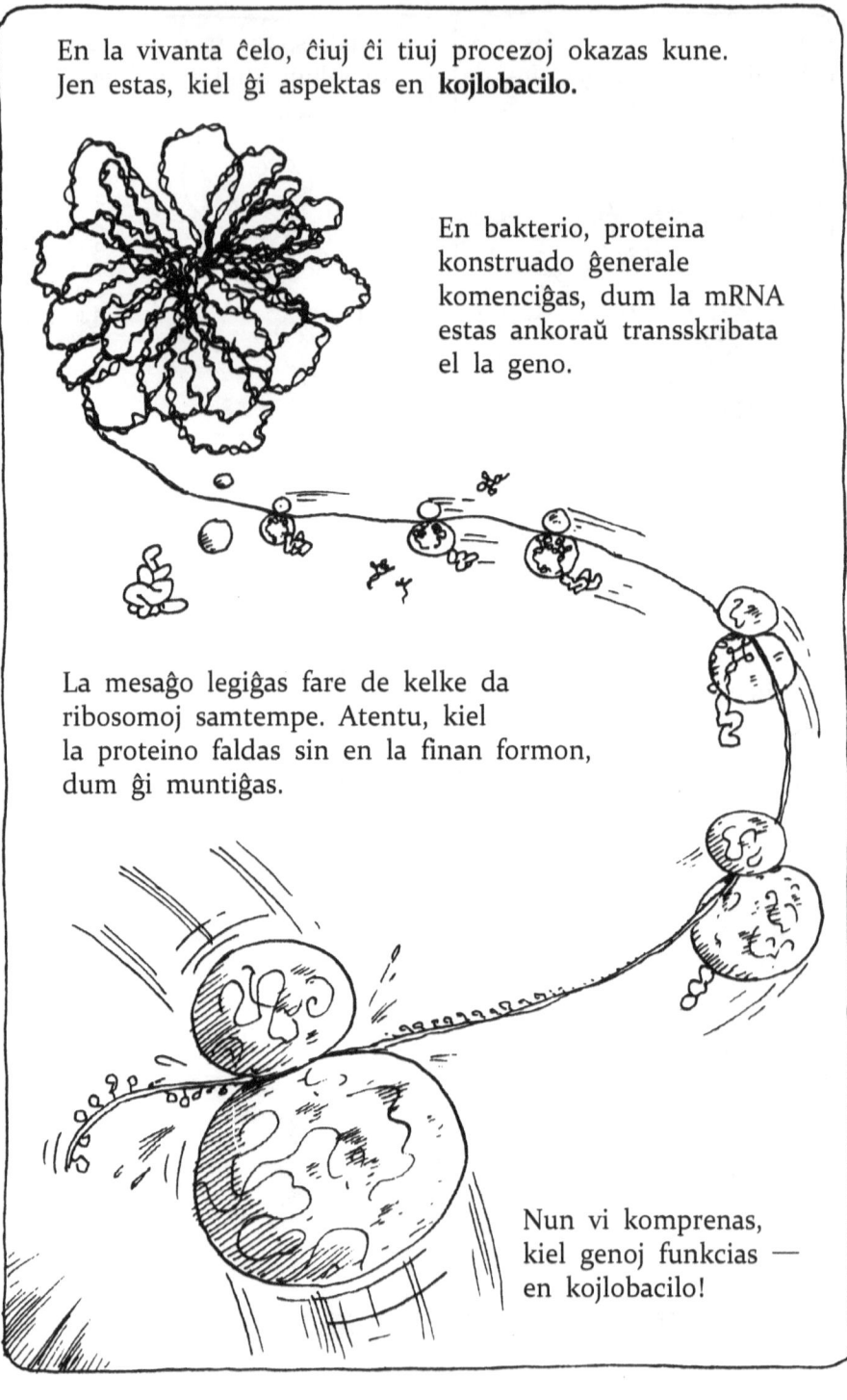

En bakterio, proteina konstruado ĝenerale komenciĝas, dum la mRNA estas ankoraŭ transskribata el la geno.

La mesaĝo legiĝas fare de kelke da ribosomoj samtempe. Atentu, kiel la proteino faldas sin en la finan formon, dum ĝi muntiĝas.

Nun vi komprenas, kiel genoj funkcias — en kojlobacilo!

Atentu momenton, kiom multe ni jam trovis estas enkodigitaj en la kromosomo.

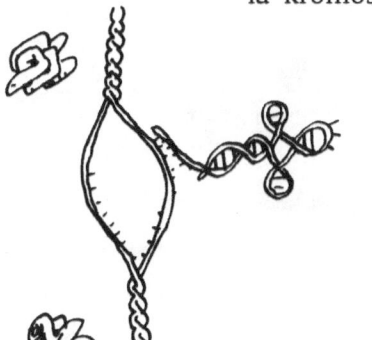

Troviĝas sinsekvoj enkodigantaj ĉiujn transdonajn RNA-molekulojn···

···sinsekvoj por mRNA, kiuj tradukiĝas en proteinon···

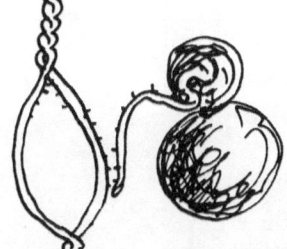

···kaj sinsekvoj por ribosoma RNA, kiu eriĝas rekte en la strukturon de la ribosomo.

Vere, la DNA estas la projekto por ĉiuj esencaj partoj de la ĉelo.

Projekto? Kiu estas la arkitekto?

De-mandu al Men-delo···

Pro kaj Eŭ

Ni komencis demandante pri
goriloj kaj bananujoj, kaj finis
interne de iu negrava,
malgranda estaĵo kojlobacilo.
Nun kion oni povas diri pri
aliaj vivoformoj?

La altkla-saĵoj?

Unue, iom pli da ĵargono: la ĉeloj de vegetaĵoj, bestoj, kaj
aliaj progresintaj vivuloj — efektive, iu ajn ĉelo kun **nukleo**
— nomiĝas **eŭkarioto**, signifanta "bonan nukleon."

Eŭkariotoj entenas
diversajn korpojn,
sed la ŝlosilo estas
la nukleo, kiu entenas
la kromosomojn.

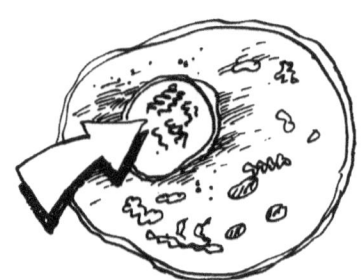

La etegaj bakterioj, kun sia pli simpla
strukturo, nomiĝas **prokariotoj**,
signifantaj "antaŭ nukleo"-n.

He! Ĉu vi
estas eŭĉjo
aŭ pseŭĉjo?

La ideo estas, ke
prokariotoj devas esti
evoluintaj **antaŭ** la pli
komplikaj eŭkariotoj.

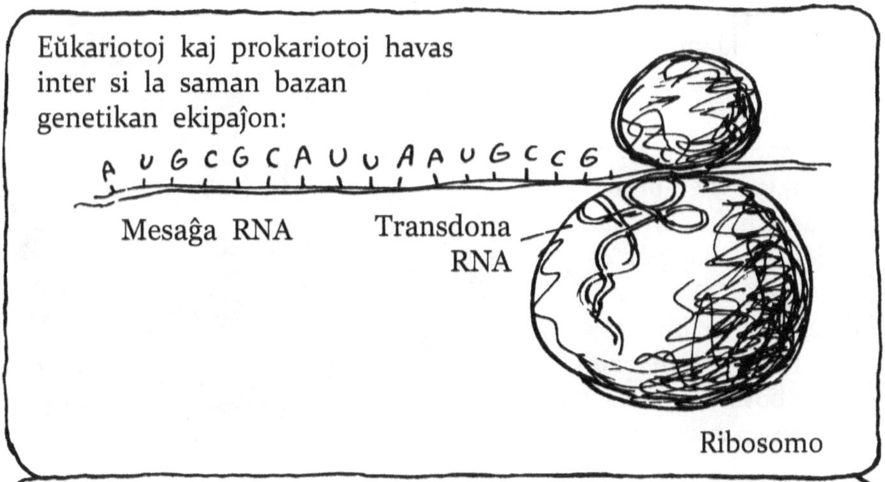

Eŭkariotoj kaj prokariotoj havas inter si la saman bazan genetikan ekipaĵon:

A U G C G C A U U A A U G C C G

Mesaĝa RNA

Transdona RNA

Ribosomo

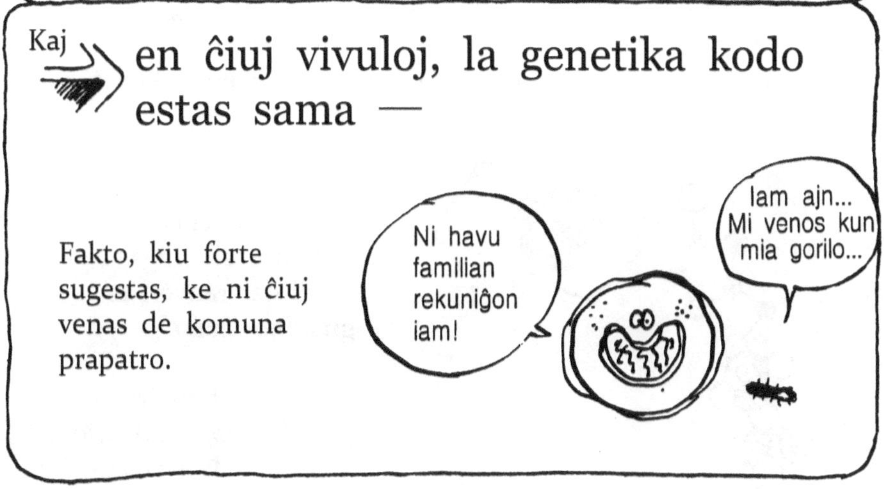

Kaj en ĉiuj vivuloj, la genetika kodo estas sama —

Fakto, kiu forte sugestas, ke ni ĉiuj venas de komuna prapatro.

Ni havu familian rekuniĝon iam!

Iam ajn... Mi venos kun mia gorilo...

Sed — Troviĝas grandaj diferencoj inter pro kaj eŭ.

Antaŭ ĉio, eŭkariotoj havas ĉiujn **ribosomojn** ekster la nukleo, apartigite per membrano disde la genoj.

Kiel vi povas fari proteinojn?

Ĝi estas kvazaŭ kisado tra plasto.

Efektive, kiamaniere eŭkariotoj faras proteinojn?
La respondo estas, ke la nuklea membrano havas truojn. Ili estas sufiĉe grandaj por permesi RNA-n kaj diversajn enzimojn, kiel RNA-polimerazon, sed ribosomoj estas tro grandaj por trapasi ilin.

Fortranĉita vidaĵo de nukleo

Fia membrano!

Interne de la nukleo, mRNA estas farita kiel en bakterio — sed poste venas certaj modifoj.

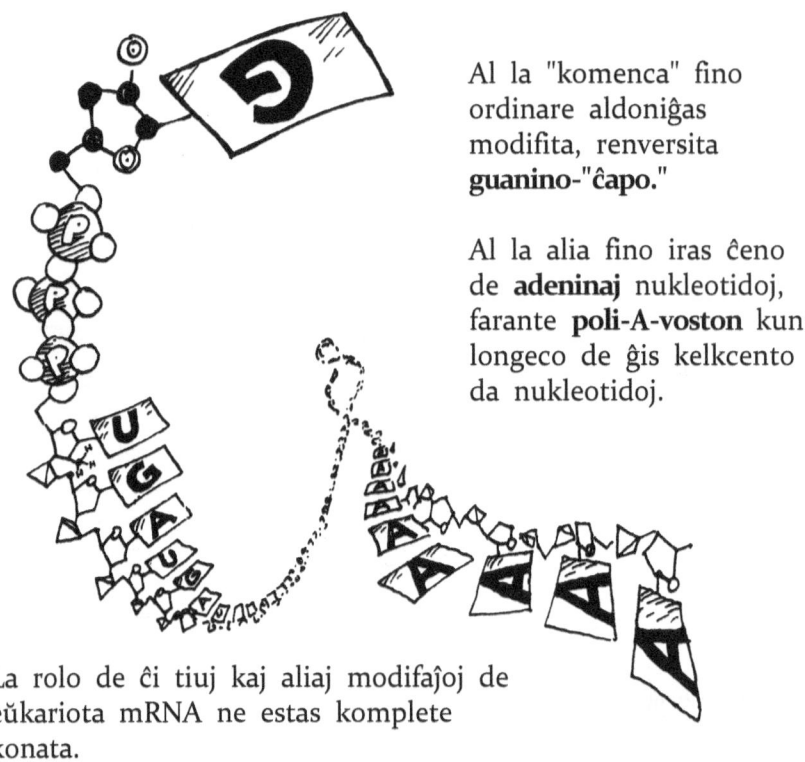

Al la "komenca" fino ordinare aldoniĝas modifita, renversita **guanino-"ĉapo."**

Al la alia fino iras ĉeno de **adeninaj** nukleotidoj, farante **poli-A-voston** kun longeco de ĝis kelkcento da nukleotidoj.

La rolo de ĉi tiuj kaj aliaj modifaĵoj de eŭkariota mRNA ne estas komplete konata.

La sekvanta procezo venis kiel granda surprizo al genetikistoj: komplekso konsistanta el proteino kaj RNA ekprenas la mRNA-n, formante maŝojn, kiel la jenan —

La komplekso — nomata **splisosomo** — poste detiras la maŝon, forĵetas ĝin, splisas la restajn pecojn, kaj foriras.

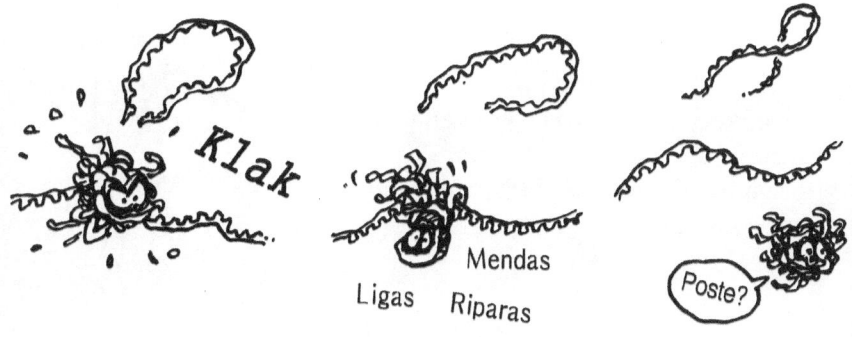

Ĉi tio estas bizara! Eŭkariotaj genoj enhavas "**ruban**" **DNA-n** — sinsekvojn kun nekoda mesaĝo, kiuj devas esti eltranĉitaj, antaŭ ol la geno povas manifestiĝi!

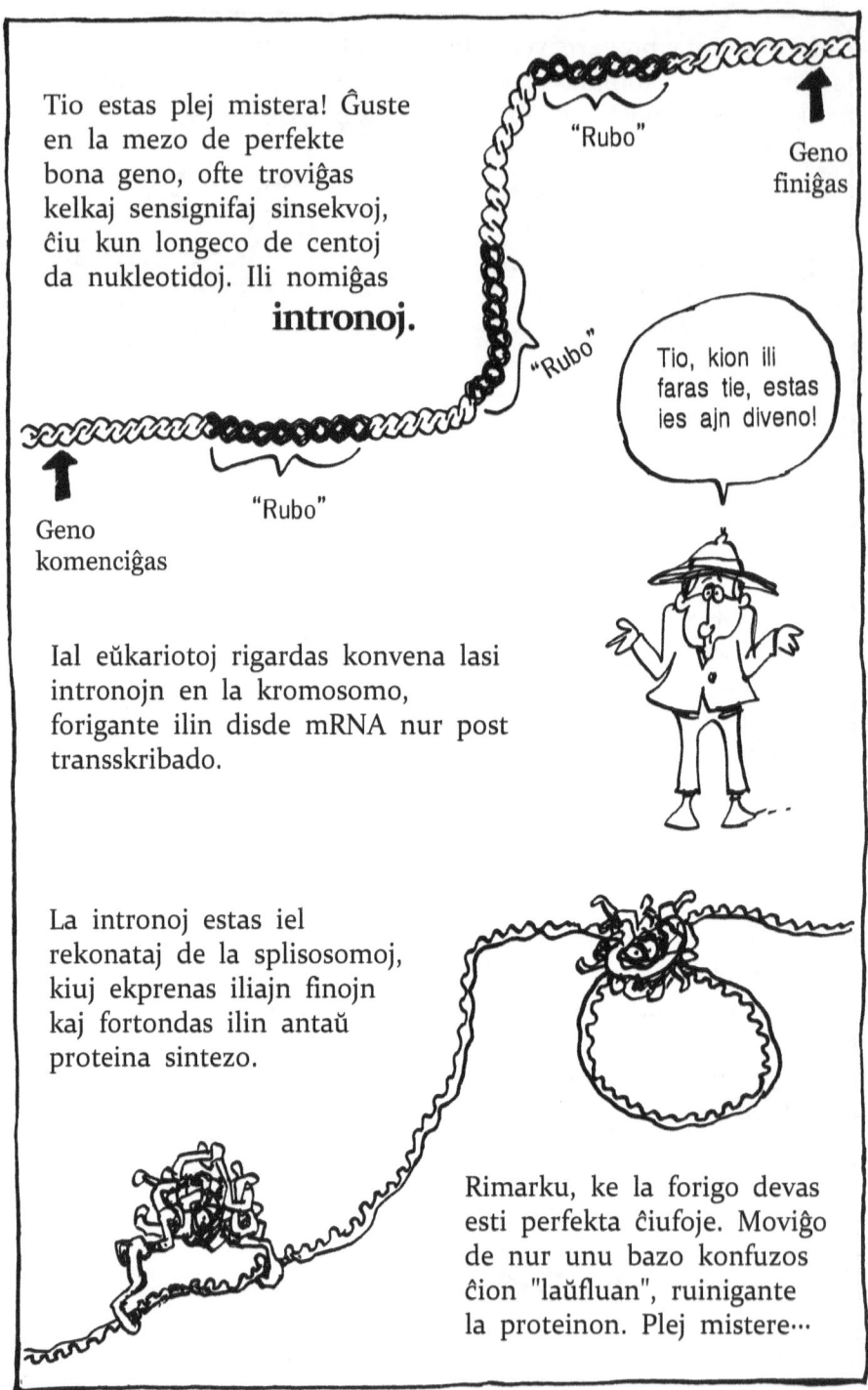

Tio estas plej mistera! Ĝuste
en la mezo de perfekte
bona geno, ofte troviĝas
kelkaj sensignifaj sinsekvoj,
ĉiu kun longeco de centoj
da nukleotidoj. Ili nomiĝas
intronoj.

"Rubo"

Geno
finiĝas

"Rubo"

"Rubo"

Geno
komenciĝas

Tio, kion ili
faras tie, estas
ies ajn diveno!

Ial eŭkariotoj rigardas konvena lasi
intronojn en la kromosomo,
forigante ilin disde mRNA nur post
transskribado.

La intronoj estas iel
rekonataj de la splisosomoj,
kiuj ekprenas iliajn finojn
kaj fortondas ilin antaŭ
proteina sintezo.

Rimarku, ke la forigo devas
esti perfekta ĉiufoje. Moviĝo
de nur unu bazo konfuzos
ĉion "laŭfluan", ruinigante
la proteinon. Plej mistere···

148

Ĝis nun, ĉio okazas ankoraŭ interne de la nukleo, sed nun la mesaĝo, kun konvenaj ĉapo kaj vosto kaj netigita, estas preta eliri.

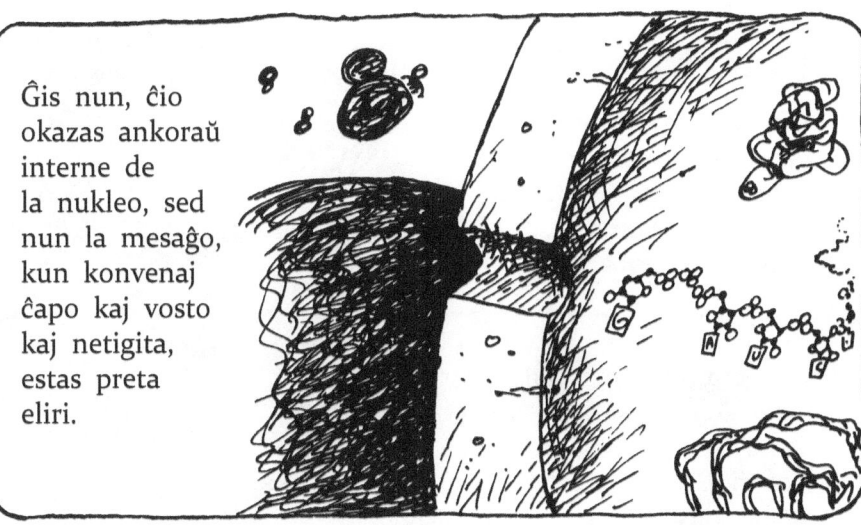

Post kiam ĝi trapasas la nuklean membranon, la ribosomoj komencas "ellegi" la proteinon, preskaŭ sammaniere kiel en prokariotoj.

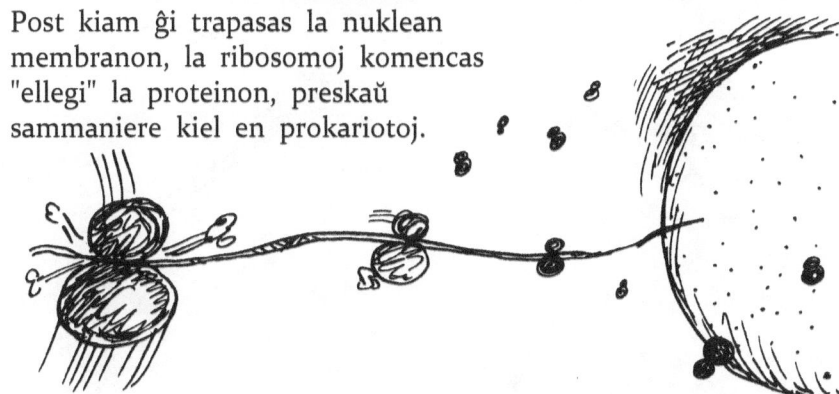

Fine, la proteino foriras fari sian laboron; la mRNA disrompiĝas en pecetojn; kaj la partoj revenas al la nukleo por reuzo, kune kun la enzimoj, kiuj faras la laboron.

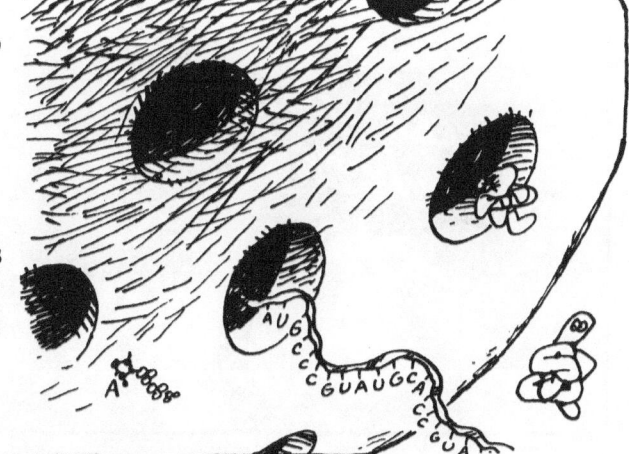

Alia

diferenco inter eŭkarioto
kaj bakterio estas simple
la nombro de genoj:
200,000 en homo,
4,000 en kojlobacilo.

Hm... 200,000 genoj... po 1000 nukleotidoj por ĉiu geno.. Tio estas 200 milionoj da.. Dio mia!

Hi! Mi havas tiom multe da gefratoj vivantaj en viaj intestoj!

Por helpi organizi ĉiujn tiujn
enhavaĵojn, eŭkariotoj volvas
sian DNA-n ĉirkaŭ proteinaj
"bobenoj." Ĉiu bobeno — aŭ
nukleosoma kerno — konsistas
el kelkaj proteinoj kunligitaj.

Ĉiu kerno havas spiralan
kanelon por la DNA, kiu
faras du volvojn ĉirkaŭ ĝi.

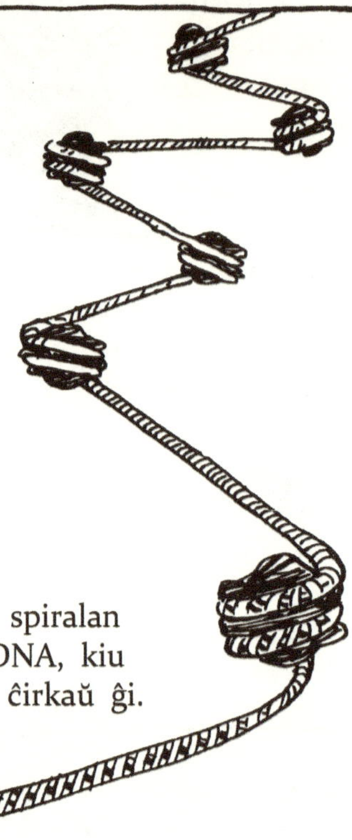

Hm! Tre ekzotika!

150

Kiam eŭkariota ĉelo volas dividiĝi, DNA-replikado komenciĝas samtempe ĉe multaj lokoj (malsame ol en kojlobacilo, en kiu ĝi komenciĝas ĉe unu loko).

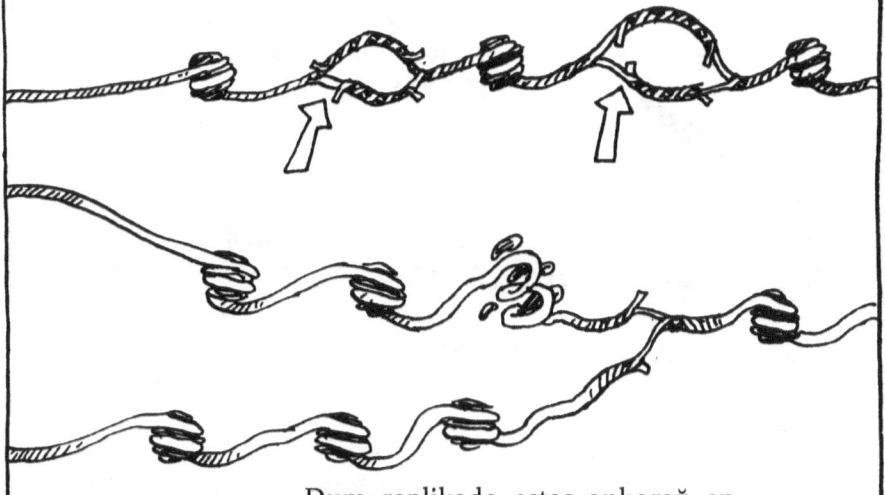

Dum replikado estas ankoraŭ en progreso, la du novaj ĉenoj jam volvas sin sur nukleosomajn kernojn. Ŝajnas, ke unu ĉeno heredas la malnovajn kernojn, kaj la alia gajnas novan aron.

Kiel ni jam vidis, ĵus antaŭ ĉeldividiĝo la kromosomoj mallongiĝas kaj dikiĝas. Ĉi tio necesigas ian rimedon paki la nukleosomojn, sed la aranĝado kaj procezo estas problemoj ankoraŭ ne solvitaj.

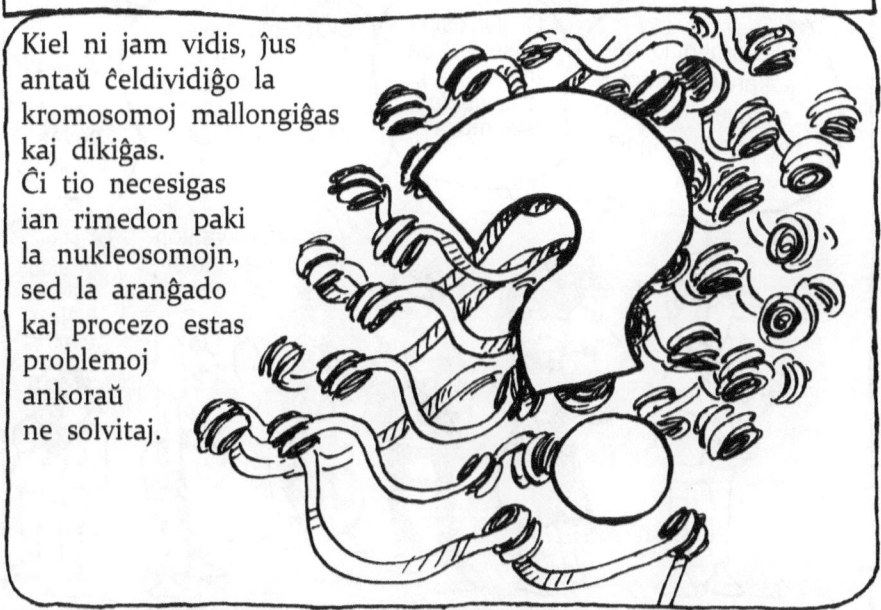

Tria

strangaĵo de eŭkariotaj genoj: ili enhavas multe da tiel nomata **ripeta DNA.** Ĉi tiuj estas sinsekvoj da nukleotidoj, kiuj ripetas sin multajn fojojn.

Ni homoj ekzemple havas sinsekvon de ĉirkaŭ 300 bazparoj, kiu aperas proksimume **milionojn da fojoj.** Ĉi tio okupas gravan kvanton de nia totalo! Kion ĝi povas signifi?

Tria strangaĵo de eŭkariotaj genoj: ili enhavas multe da tiel nomata ripeta DNA.

Ĉi tiuj estas sinsekvoj da nukleotidoj, kiuj ripetas sin multajn fojojn.

Ni homoj ekzemple havas sinsekvon de ĉirkaŭ 300 bazparoj, kiu aperas proksimume milionojn da fojoj.

Ĉi tio okupas gravan kvanton de nia totalo!

Kion ĝi povas signifi?

Eble ĝi aldoniĝis por emfazo!

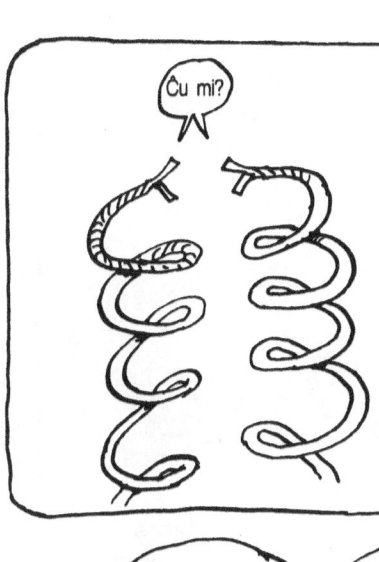

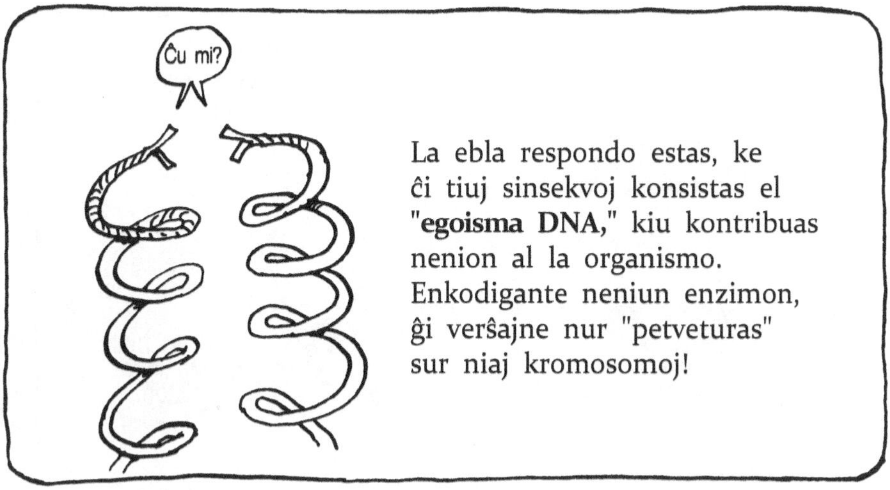

La ebla respondo estas, ke
ĉi tiuj sinsekvoj konsistas el
"egoisma DNA," kiu kontribuas
nenion al la organismo.
Enkodigante neniun enzimon,
ĝi verŝajne nur "petveturas"
sur niaj kromosomoj!

Tria strangaĵo de eŭkariotaj ge-
noj: ili enhavas multe da tiel no-
mata ripeta DNA.

Ĉi tiuj estas sinsekvoj da nukleotidoj, kiuj ripetas sin multajn fojojn.

Jam sufiĉe! Mi kompre-nas!

Ĉu vi iras al Kansasurbo?

De kie venas ĉi tiuj genaj petveturantoj?

Unu ebleco estas, ke ili venas el

VIRUSOJ.

Virusoj estas la plej simplaj vivuloj konataj — se ili almenaŭ estas vere vivaj. Ili estas iusence vivaj kaj iusence nevivaj.

Reme-morigas al mi mian malnovan biologian instru-iston...

Eĉ pli simpla kaj malgranda ol bakterio, viruso havas nur du partojn:
iom da **nuklea acido** enpakita en **proteina kovraĵo**:

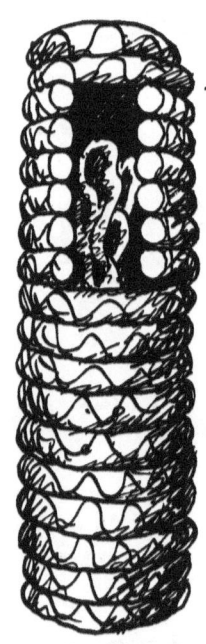

Fortranĉita vidaĵo

La nuklea acido, kiu estas DNA aŭ RNA, enkodigas la proteinan kovraĵon kaj kelkajn enzimojn necesajn por replikado.

Sed viruso ne povas mem reprodukti sin, ĉar al ĝi mankas ribosomoj kaj la ceteraj de vivĉela proteinsinteza ekipaĵo. Viruso povas "vivi" nur kiel parazito, invadante gastiganto-ĉelon kaj transprenante ĝiajn ribosomojn, enzimojn, kaj energion.

Virusoj surteriĝas sur bakterion kaj injektas sian DNA-n en ĝin.

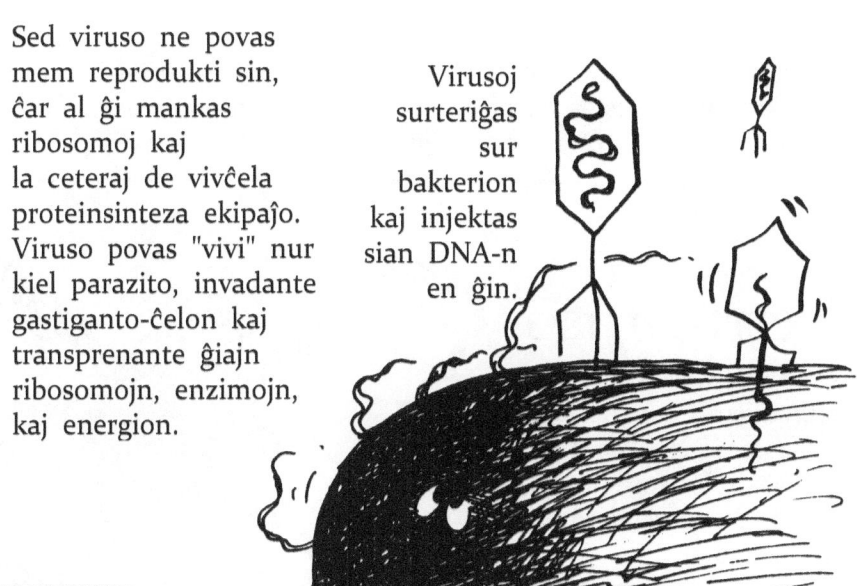

Post kiam ĝi enmetas sian DNA-n aŭ RNA-n en la gastiganton, la viruso komencas reproduktiĝi rapide, streĉante la ĉelon al la kreva punkto!

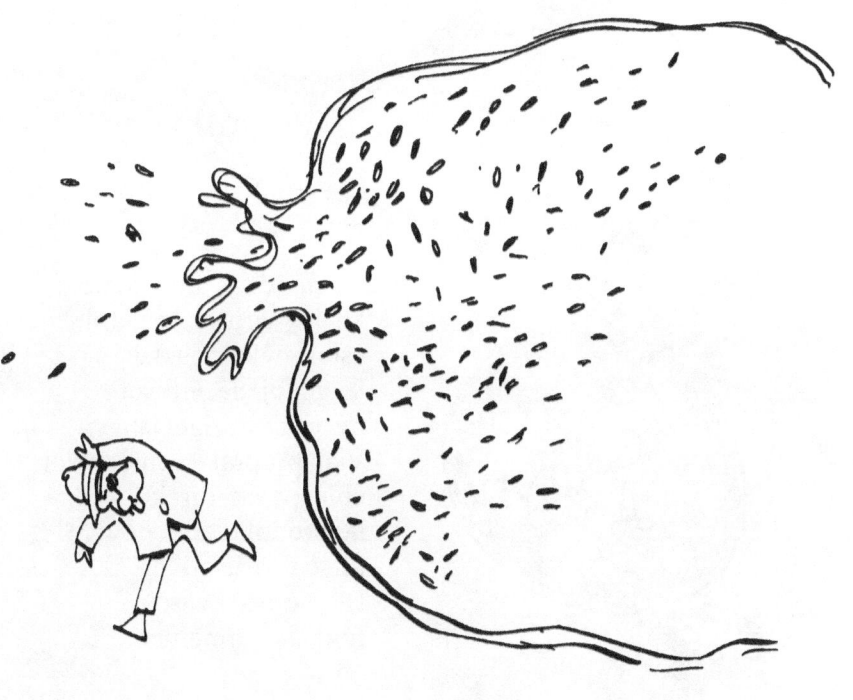

Tio estas tipa vivostilo (aŭ ne-vivostilo) de viruso, sed kelkaj virusoj estas eĉ pli fiaj. Ili efektive insertas siajn genojn en la DNA-n de gastiganto-ĉelo.

Retroviruso

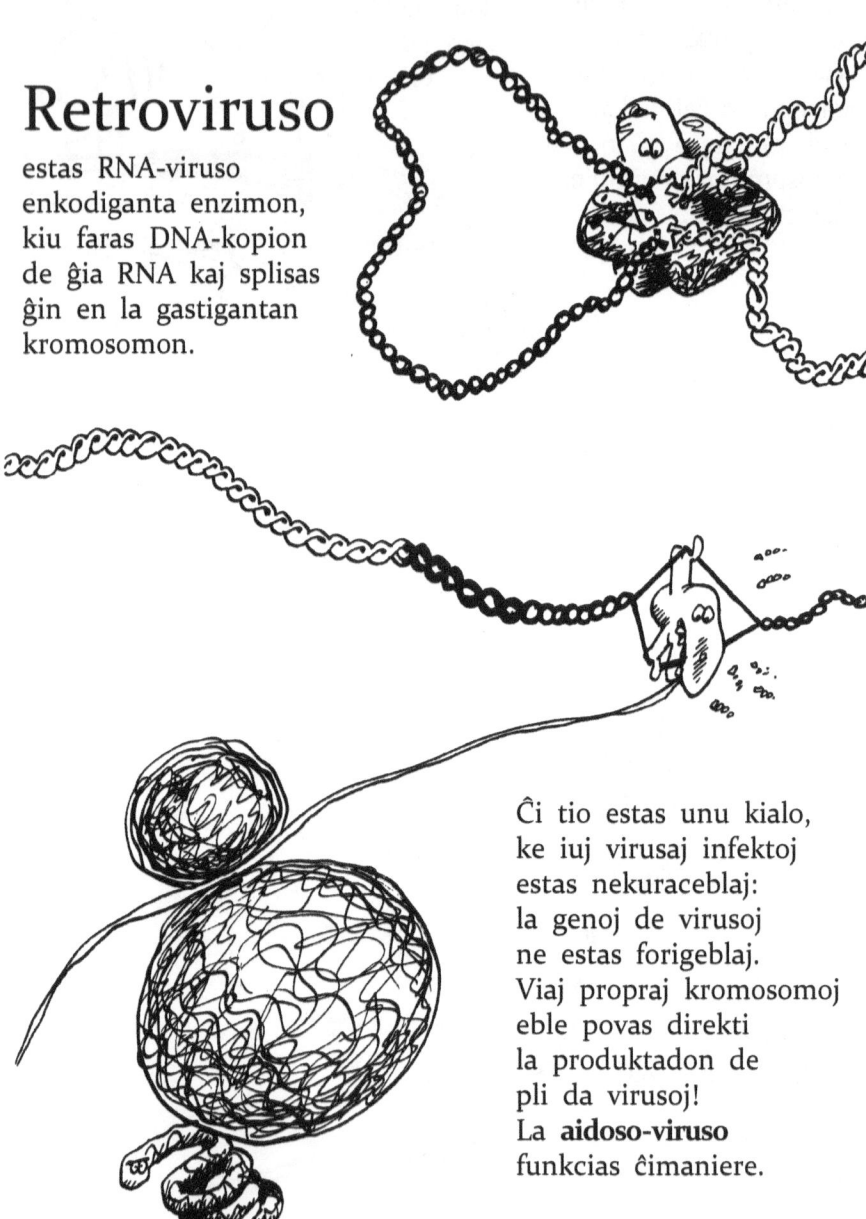

estas RNA-viruso enkodiganta enzimon, kiu faras DNA-kopion de ĝia RNA kaj splisas ĝin en la gastigantan kromosomon.

Ĉi tio estas unu kialo, ke iuj virusaj infektoj estas nekuraceblaj: la genoj de virusoj ne estas forigeblaj. Viaj propraj kromosomoj eble povas direkti la produktadon de pli da virusoj! La **aidoso-viruso** funkcias ĉimaniere.

Povas esti, ke kelkaj el la ripeta kaj "ruba" DNA en niaj kromosomoj venis de ĉi tiu fonto: antikvaj virusoj, kiuj sukcesis inserti sian heredan projekton en la DNA-n de niaj prapatroj.

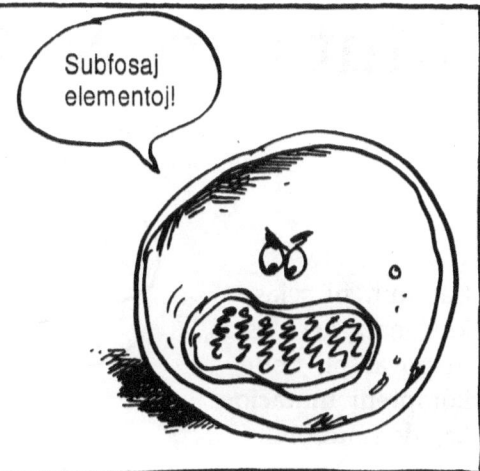

Subfosaj elementoj!

Se tio estas vera, povas esti, ke la "redaktado" de mRNA evoluis kiel defendo kontraŭ sentaŭgaj sinsekvoj fiksitaj meze de genoj.

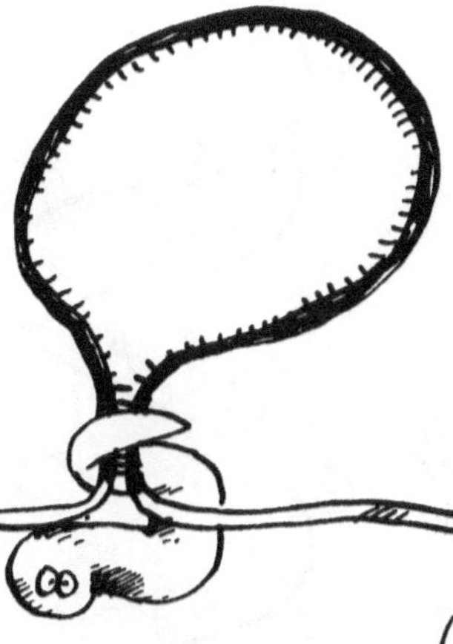

Troviĝas alia rimedo, ke ĉelo povas batali kontraŭ parazita DNA.
Ĝi povas simple malfunkciigi tiujn genojn.
Tio estas, kiel ni traktas ripetajn sinsekvojn; ili estas tie, sed ni ignoras ilin!

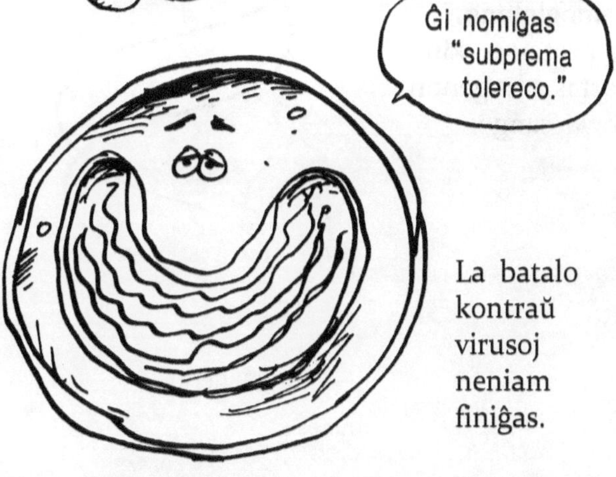

Ĝi nomiĝas "suprema tolereco."

La batalo kontraŭ virusoj neniam finiĝas.

Mutacio & Domineco

(denove!)

Ĉar nun ni scias,
kio genoj vere estas,
ni povas pli bone
kompreni **mutacion**
kaj **dominecon.**

Mutacio en geno
estas nur ŝanĝiĝo
en la ordo de
DNA-nukleotidoj.
Eĉ eraro je nur
unu pozicio povas
havi profundan
efikon.

Jen estas malgranda
sed ruiniga mutacio
en la geno por
hemoglobino,
la proteino, kiu
portas oksigenon
en la sango.

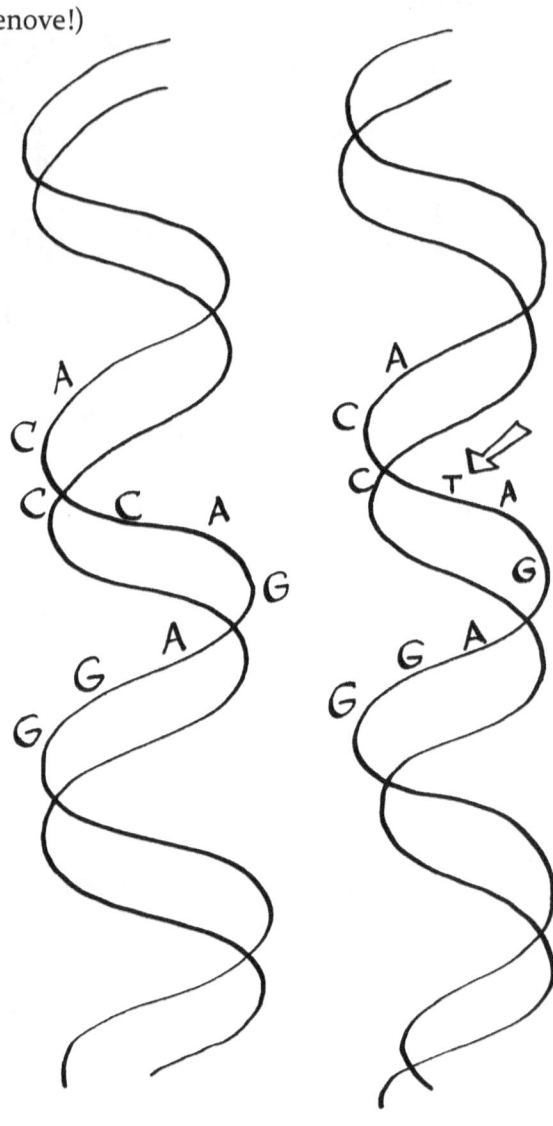

Bona geno   Mutacia geno

La kialo, kompreneble, estas, ke
la ŝanĝiĝo reflektiĝas en la **proteino**,
kiun la geno enkodigas.
Unue la mRNA fariĝas erara, kaj
poste la proteino.

Ĉi tiu aparte katastrofa mutacio, kiu interrompas
la proteinon en la mezo, kaŭzas seriozan staton nomatan
talasemio, nekapablo fari hemoglobinon.
La viktimo suferas pro dolora manko de oksigeno.

Iufoje ŝanĝiĝo povas fari neniun ajn diferencon.
Se vi turnas vin ree al la koda tabelo, vi rememoros, ke
ĝi estas iom **superflua** — tio estas, ke unu aminoacido
povas esti enkodigita de kelkaj malsamaj kodonoj.

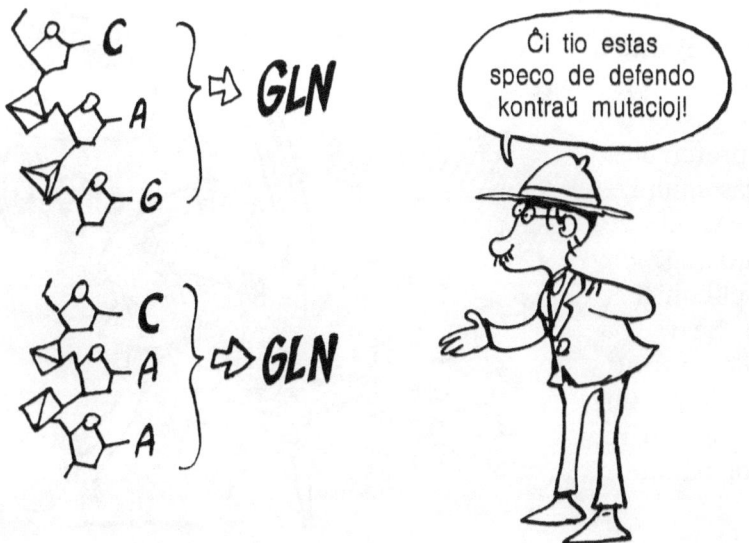

De tempo al tempo la "erara" aminoacido sidas sufiĉe bone (kvankam ordinare neperfekte).

Iufoje — tre malofte — la proteino povas funkcii eĉ **pli bone** ol antaŭe.

Sed plej ofte mutacio nur ruinigas la proteinon. Estas multe pli facile malbonigi ion ol plibonigi ĝin! Se vi dubas, provu fari hazardajn ŝanĝojn en iu domaparato!

Pli frue,

(p.81) ni menciis, ke la plejmulto da mutacioj estas **recesivaj**. Nun ni povas vidi kial: mutacio kutime kaŭzas **nekapablon** fari enzimon. En la supra ekzemplo, la mutacia geno malsukcesis fari hemoglobinon.

 Tamen, ni havas **du arojn** da kromosomoj.

Eĉ se mutacio influas unu el ili, la "asekura" geno ankoraŭ produktos sian enzimon.

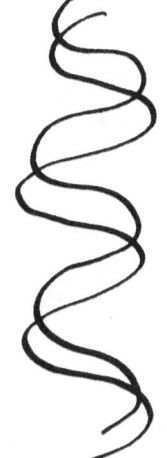

Bona geno
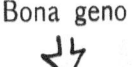
Hemoglobino

Malbona geno

Neniu hemoglobino

Nur la malbonŝanca homo kun duobla dozo da mutaciaj genoj suferos pro talasemio.

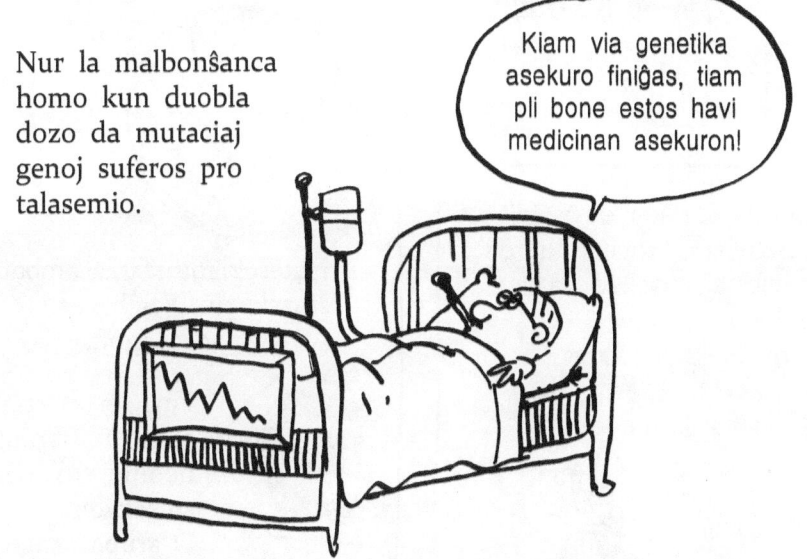

Kiam via genetika asekuro finiĝas, tiam pli bone estos havi medicinan asekuron!

161

Ni ne menciis pli frue, sed iuj aleloj povas esti

KUN-DOMINAJ,

tio estas, ke heterozigoto faras ambaŭ fenotipojn. Ekzemplo estas **sangogrupoj.**

Nu, mi amas diver-secon...

Sur la surfaco de ruĝaj sangoĉeloj troviĝas herede decidita sinsekvo da sukeroj.
Unu alelo, I^A, faras sinsekvon A. Alia alelo, I^B, faras sinsekvon B.

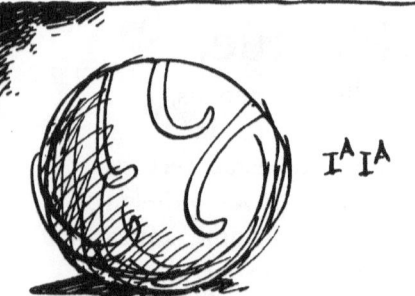

$I^A I^A$

Se homozigota por I^A, via sango havas nur sinsekvon A. Ĉi tio estas A-grupa sango.

$I^B I^B$

Se homozigota por I^B, vi havas B-grupan sangon.

$I^A I^B$

Heterozigoto faras ambaŭ sinsekvojn, kaj havas AB-grupan sangon.

Fine, estas tria alelo, I^O, faranta neniun sukeran sinsekvon. O-grupa sango estas recesiva.

Kaj tiel longe kiel ni estas pri tiel bongusta temo —

Sangoĉeloj ilustras alian konatan fakton de vivulo: **unu speco de ĉelo povas ŝanĝiĝi al alia speco de ĉelo.**

Ruĝa sangoĉelo komencas sian ekziston kiel medola ĉelo,

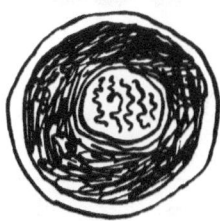

perfekte plena eŭkarioto, sed hemoglobino-manka.

Ĉe iu punkto, medola ĉelo komencas ŝanĝiĝi. Interalie, ĝi komen-cas fari hemoglobinon.

Fine, ĝi fariĝas plene disvolviĝinta ruĝa sangoĉelo.

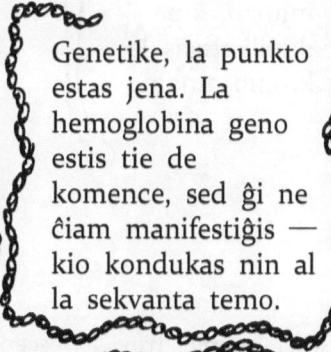

Genetike, la punkto estas jena. La hemoglobina geno estis tie de komence, sed ĝi ne ĉiam manifestiĝis — kio kondukas nin al la sekvanta temo.

GENREGULIGADO

Pardonon –
Vi ne povas
parki tiun ge-
non ĉi tie –

Ĉiuj altklasaj vivoformoj elmontras impresan kolekton da ĉelspecoj: nervo, sango, muskolo, haŭto, okulo, limfo, ktp, ktp, ktp···

Sed

Malgraŭ siaj diferencoj, ĉiuj ĉi tiuj havas precize la saman aron da genoj[*], ĉar ili estiĝas el unu fekundigita ovo per la procezo de mitozo, kiu duplikatigas la kromosomojn.

[*]Kiel kutime, troviĝas esceptoj!

Evidente malsamaj genoj ludas sian rolon en malsamaj ĉeloj. Ĉiu ĉelo devas do havi manierojn decidi kiujn genojn por "ŝalti" kaj kiam fari tion.

Alie oni timegus pro la rezultoj!

Eĉ la malaltklasa bakterio bezonas reguligi siajn genojn. Kiam manĝaĵo estas disponebla, la bakterio bezonas fari enzimojn por digesti ĝin. Kiam aminoacido fariĝas manka al ĝi, ĝi devas sintezi pli; ktp ktp ktp.

Kiel kutime, la demando estas plejplene studita en kojlobacilo.

Kiuj trovis formon de genreguligado la unuaj estis la francaj sciencistoj **Jacques Monod** kaj **François Jacob,** en la malfruaj 1950-aj jaroj. Ili ekzamenis kojlobacilan kapablecon digesti la sukeron **laktozo.**

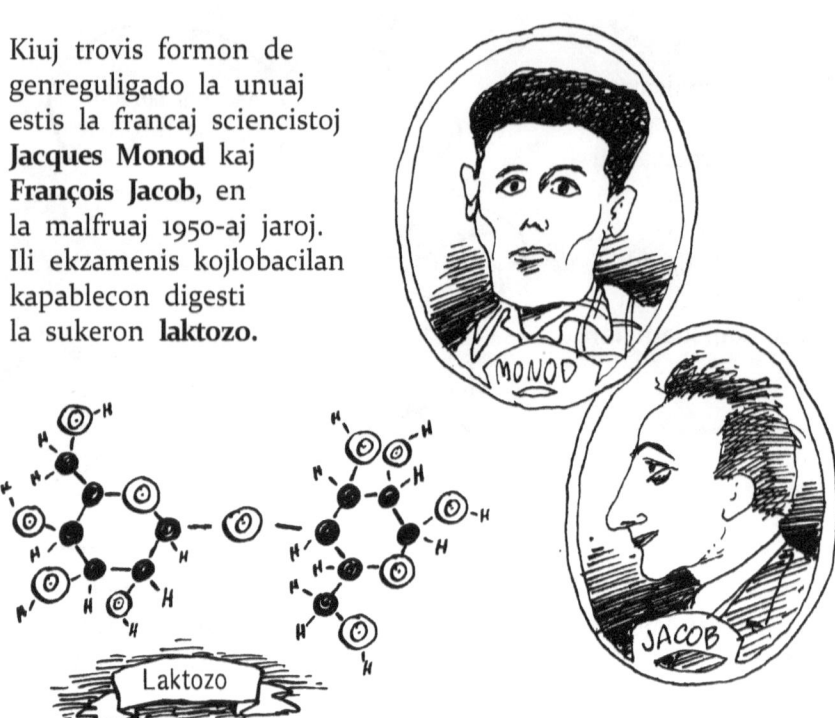

Laktozo

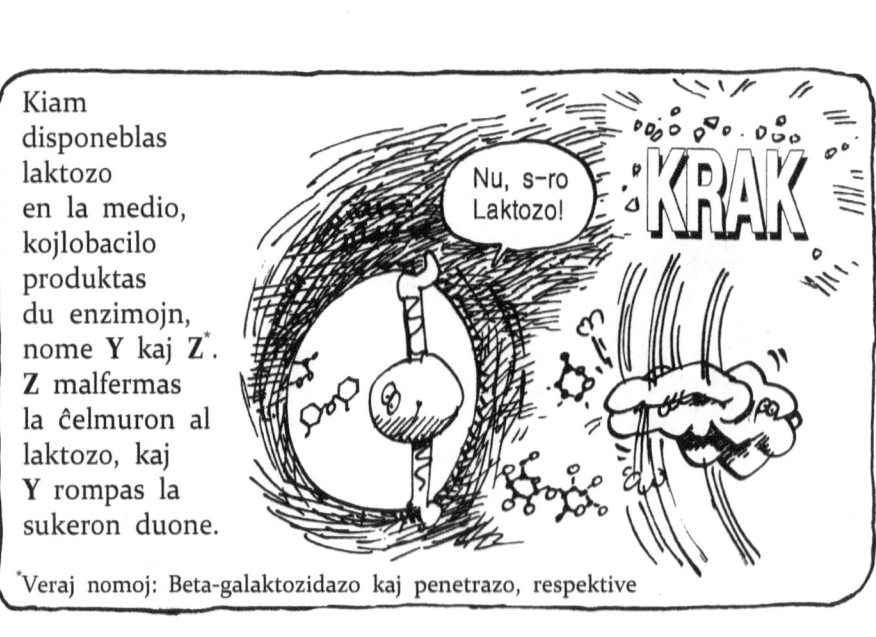

Kiam disponeblas laktozo en la medio, kojlobacilo produktas du enzimojn, nome **Y** kaj **Z**[*]. **Z** malfermas la ĉelmuron al laktozo, kaj **Y** rompas la sukeron duone.

Nu, s–ro Laktozo!

KRAK

[*]Veraj nomoj: Beta-galaktozidazo kaj penetrazo, respektive

Ni ne priskribos
detale iliajn
eksperimentojn,
kiuj estis sufiĉe
komplikaj.
Jen estas kelkaj el
la ĉefaj rezultoj de
Monod kaj Jacob:

Ĉi tiu
eksperimento
estis pli malfacila
ol fromaĝa
sufleo!

Unue, ili trovis, ke la genoj por Y kaj
Z, nomataj *"lac Y"* kaj *"lac Z"*, situas
kune, unu tuj apud la alia, sur
la kromosomo. Tia grupo da genoj,
enkodigantaj rilatajn enzimojn kaj
reguligataj kune, nomiĝas

OPERONO:

Ĉi tio estas *"lac* operono":

$\leftarrow$ lac P $\rightarrow$ $\leftarrow$ lac O $\rightarrow$ $\leftarrow$ ··· lac Z

lac Y

O lak la
granda old'
operon!

Ni estas klarigontaj ĉi tiun parton!

Ĉe la komenco de ĉi tiu
(kaj ĉiu) operono estas
promotoro-regiono, ĉi tie
nomata *lac P*. Ĉi tio estas
la loko, kie la enzimo
RNA-polimerazo alligiĝas al
la DNA por komenci
transskribi la mesaĝon en
mRNA-on. (Vidu p. 133)

Mmm

La unua

speco de reguligado estas simpla. Iuj promotoraj regionoj estas pli altiraj al RNA-polimerazo ol aliaj.

La geno por multe uzata enzimo havas promotoron, kie polimerazo povos facile komenci transskribadon, dum geno enkodiganta enzimon bezonatan en malgrandaj kvantoj havas pli "malfacilan" promotoran regionon.

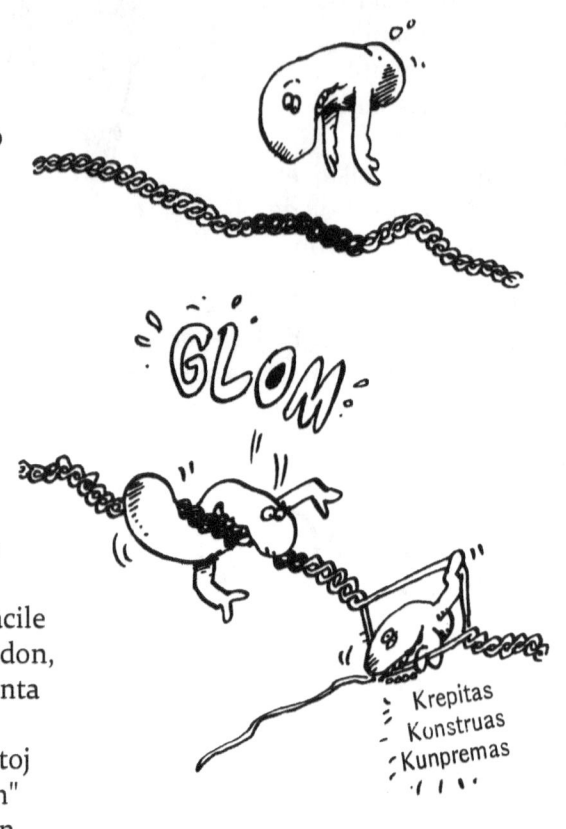

Kio pri la laktoza operono, kies enzimoj estas iutempe bezonataj multkvante (kiam laktozo troviĝas), sed alitempe tute ne bezonataj?

La ideo de Monod kaj
Jacob: troviĝas proteino, la

SUBPREMANTO,

kiu sidas sur la DNA ĉe
loko inter la promotoro kaj
la unua geno, *lac Z.*
Ĉi tiu loko nomiĝas la

OPERATORO,

lac O.

La subpremanto —
kiun la francaj
sciencistoj neniam
observis rekte —

simple malhelpas la agadon
de RNA-polimerazo kaj tiel
malfunkciigas la tutan operonon.

Unu plia punkto pri la subpremanto: ĝi ankaŭ povas ligiĝi
al **laktozo**[*] — sed fari tiel igas la subpremanton fleksiĝi kaj
liberigi la DNA-n:

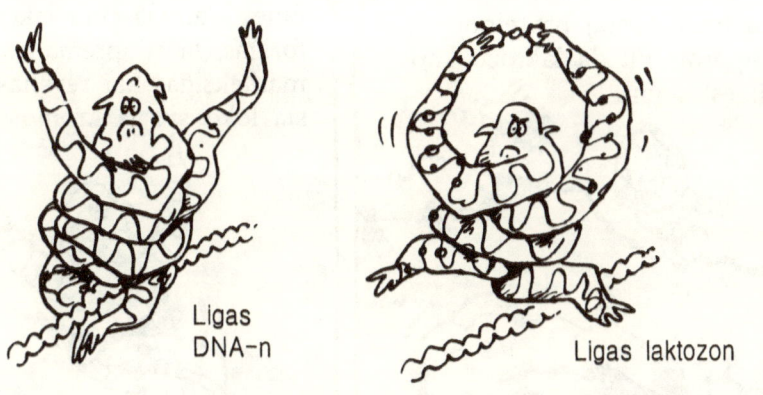

Ligas
DNA-n

Ligas laktozon

[*]Fakte ne laktozo mem, sed derivitaĵo — sed tio ne gravas nun!

En la normala stato,
la subpremanto sidas sur
la operatoro, subpremante
la genon:

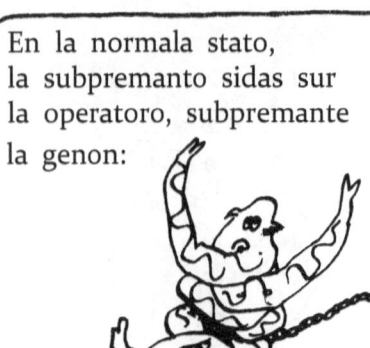

Venas iom da laktozo,
altirante la subpremanton:

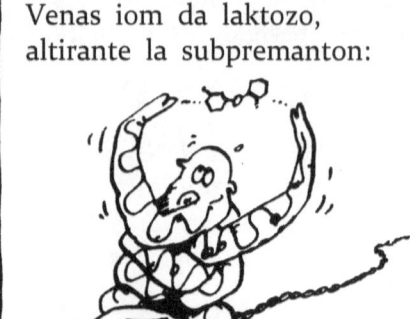

Ĝi fleksiĝas, kaptante la
sukeron, kaj RNA-polimerazo
traglitas!

Poste la tuta operono
manifestiĝas ripete.

La nove faritaj proteinoj
enportas pli da laktozo kaj
digestas ĝin.

Fine, kiam la tuta laktozo
foriĝas, la subpremanto
malfleksiĝas kaj revenas al
sia loko sur la kromosomo.

Subpremantoj montriĝis ordinara maniero reguligi "indukteblajn" enzimojn — t.e., enzimoj kiuj produktiĝas responde al kemiaĵo kiel laktozo. Sed malgraŭ ĉi tiu brilega ideo, Monod kaj Jacob fakte neniam povis trovi subpremanton. Ĝi restis kiel teoria ebleco···

Ĉi tiuj subpremantoj estas pli forkuremaj ol miaj studentoj.

··· ĝis 1967, kiam Walter Gilbert kaj B. Müller-Hill, uzante tre rafinitajn teknikojn, povis izoli la eskapemajn proteinojn.

Iliaj rezultoj klarigis, kial estis tiom malfacile trovi ilin. Unuopa kojlobacilo havas nur de **kvin** ĝis **dek** molekulojn de *lac*-subpremanto. Poste Gilbert sukcesis bredi mutacian kojlobacilon, kiu produktis ĝin en multe pli granda kvanto.

Alia metodo de genreguligado havas la nomon:

ATENUADO

Ĉi tio regas kojlobacilan operonon respondecan pri la konstruado de la aminoacido **histidino**.

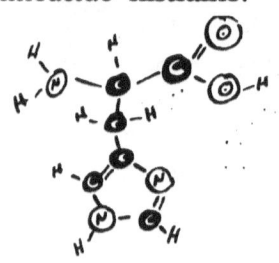

Kiam ĉi tiu esenca substanco fariĝas manka al kojlobacilo, la bakterio produktas grupon el naŭ proteinoj, kiuj povas de komence konstrui histidino-molekulojn.

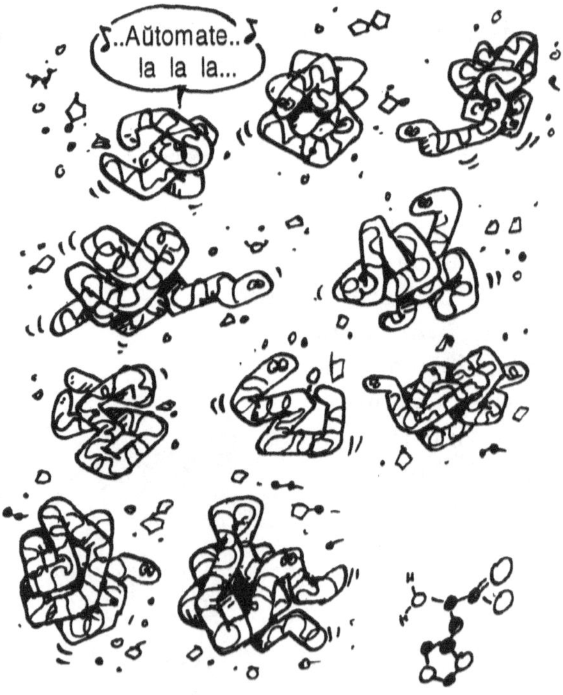

172

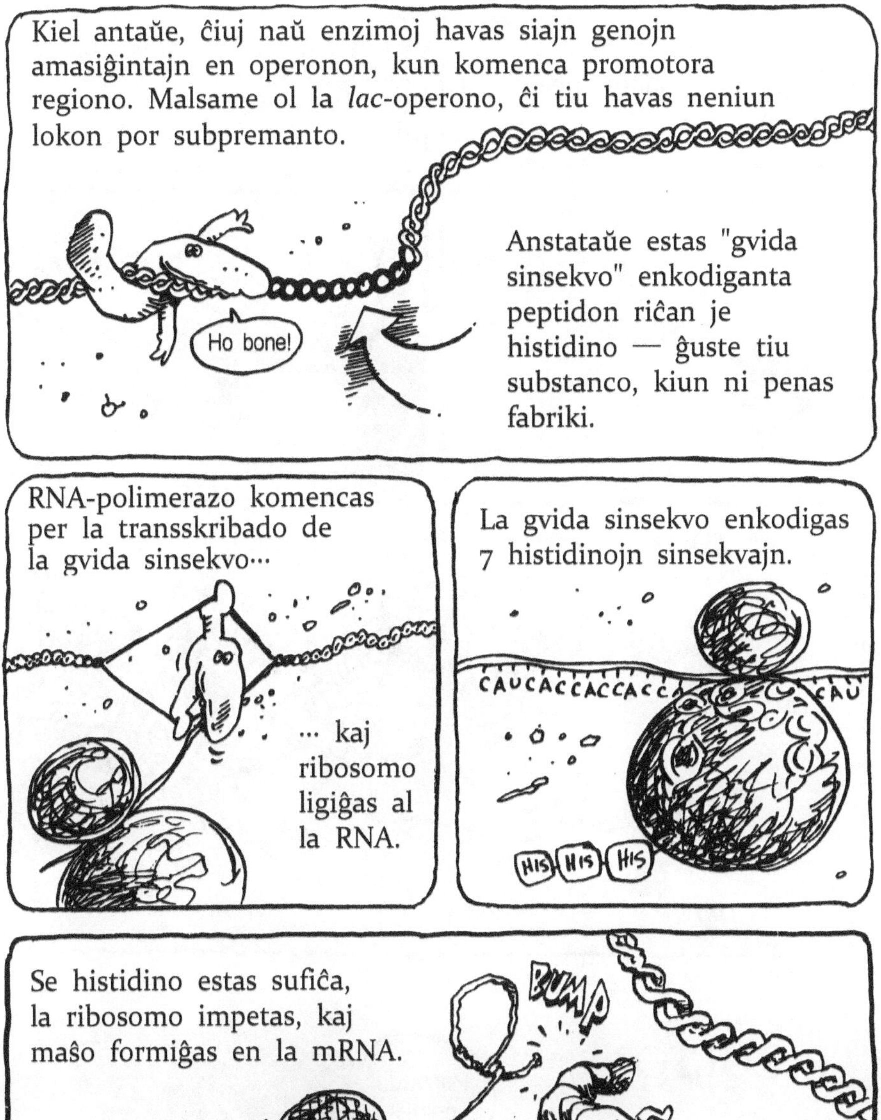

Kiel antaŭe, ĉiuj naŭ enzimoj havas siajn genojn amasiĝintajn en operonon, kun komenca promotora regiono. Malsame ol la *lac*-operono, ĉi tiu havas neniun lokon por subpremanto.

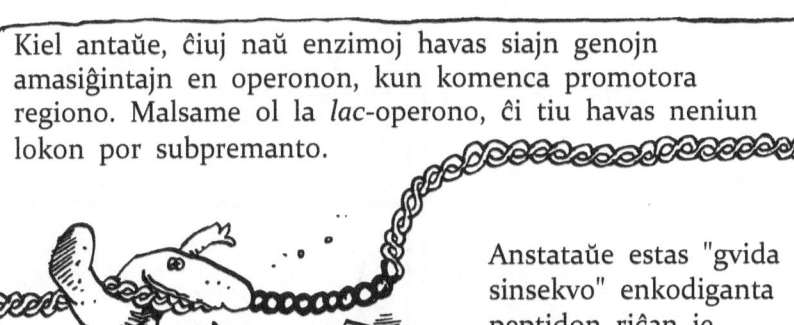

Ho bone!

Anstataŭe estas "gvida sinsekvo" enkodiganta peptidon riĉan je histidino — ĝuste tiu substanco, kiun ni penas fabriki.

RNA-polimerazo komencas per la transskribado de la gvida sinsekvo···

··· kaj ribosomo ligiĝas al la RNA.

La gvida sinsekvo enkodigas 7 histidinojn sinsekvajn.

CAUCACCACCACCA····CAU

HIS HIS HIS

Se histidino estas sufiĉa, la ribosomo impetas, kaj maŝo formiĝas en la mRNA.

BUMP!

Ĉi tiu maŝo forskuas la RNA-polimerazon for de la operono, haltigante transskribadon.

Se male histidino mankas, la ribosomo malantaŭiĝas post la polimerazo.

Ĉi-okaze formiĝas **alia** maŝo, kiu malebligante la unuan maŝon ebligas la polimerazon daŭrigi sian laboron, kaj la operono manifestiĝas!

La nove faritaj proteinoj komencas munti histidinon.

Fu!

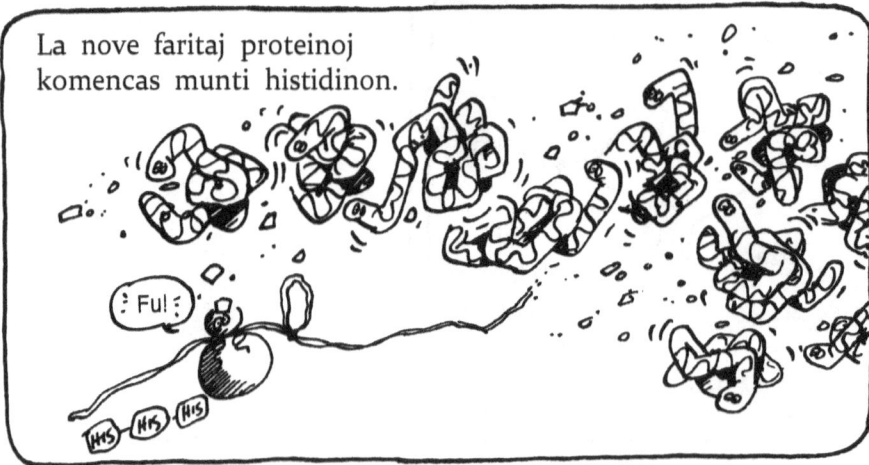

REZULTO?

Manko de histidino **ŝaltas** la genon, dum superabundo de histidino **malŝaltas** ĝin.

Pensadu pri tio!

La portreto de la geno, kiel skizita de Mendelo kaj kompletigita de liaj sekvaj generacioj, prezentis objekton fiksitan kaj neŝanĝiĝantan escepte de fojaj mutacioj.

Pli lastatempaj malkovroj montris genon pli moviĝema kaj plasta. Fakte gravaj rimedoj de genreguligado dependas de tiel nomataj

SALTANTAJ GENOJ.

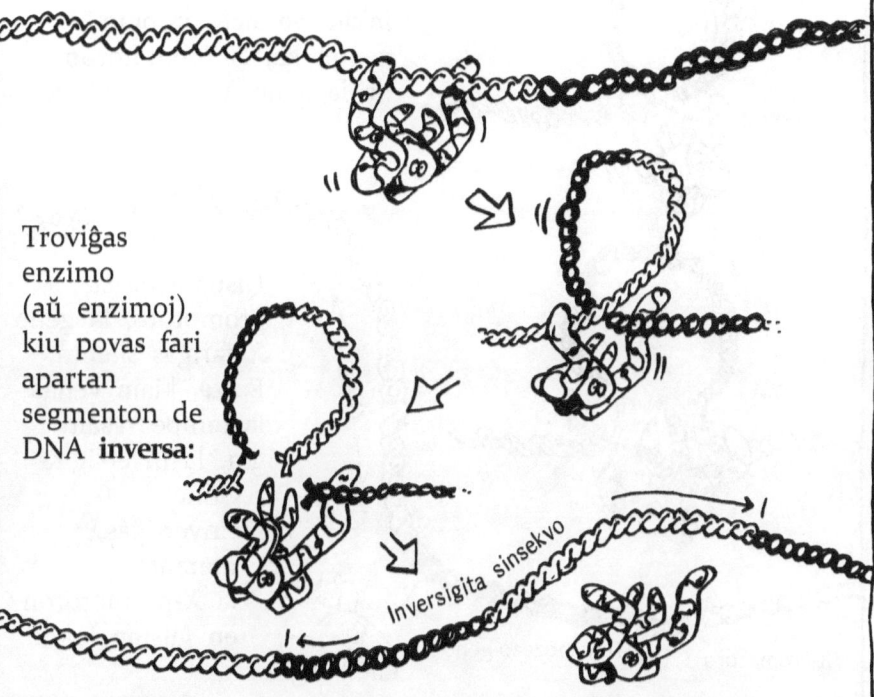

Troviĝas enzimo (aŭ enzimoj), kiu povas fari apartan segmenton de DNA **inversa:**

Inversigita sinsekvo

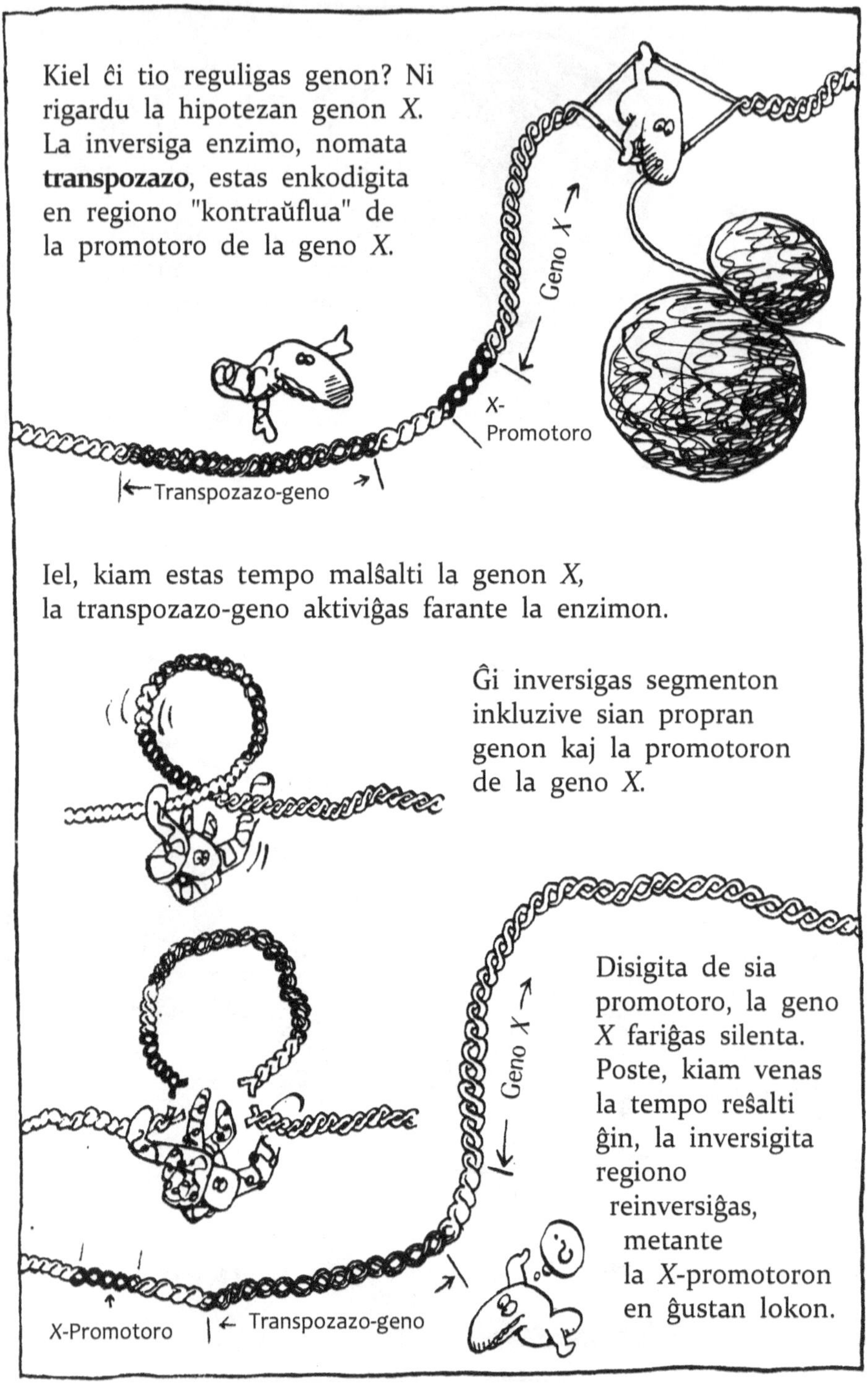

Kiel ĉi tio reguligas genon? Ni
rigardu la hipotezan genon X.
La inversiga enzimo, nomata
transpozazo, estas enkodigita
en regiono "kontraŭflua" de
la promotoro de la geno X.

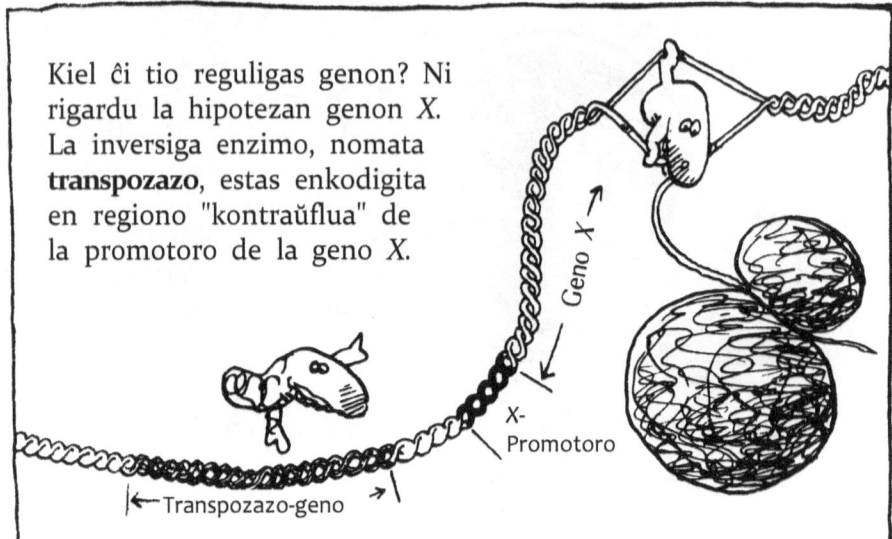

Geno X →

X-
Promotoro

|←— Transpozazo-geno —→|

Iel, kiam estas tempo malŝalti la genon X,
la transpozazo-geno aktiviĝas farante la enzimon.

Ĝi inversigas segmenton
inkluzive sian propran
genon kaj la promotoron
de la geno X.

Disigita de sia
promotoro, la geno
X fariĝas silenta.
Poste, kiam venas
la tempo reŝalti
ĝin, la inversigita
regiono
reinversiĝas,
metante
la X-promotoron
en ĝustan lokon.

X-Promotoro |← Transpozazo-geno →|

Tiaj moveblaj sekcioj,
aŭ
TRANSPOZONOJ,
estas ordinaraj en kaj prokariotoj kaj eŭkariotoj.
Krom inversigi, ili povas salti de loko al loko, de kromosomo al kromosomo.
La kompleta funkcio de transpozonoj estas ankoraŭ mistero.

La plej spektaklaj ekzemploj de saltantaj genoj estas tiuj enkodigantaj **antikorpojn.**

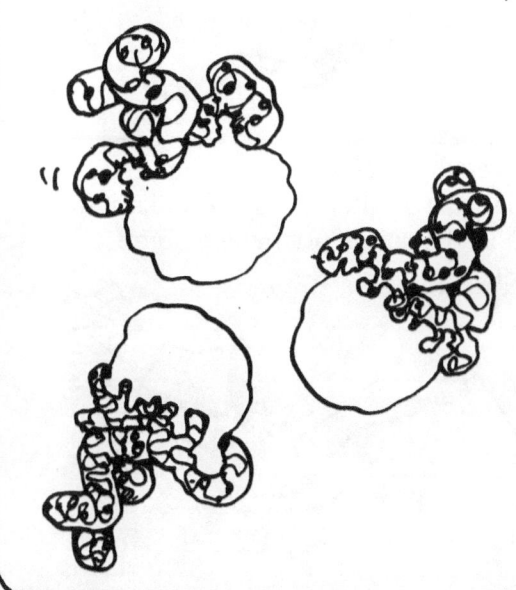

Antikorpoj estas proteinoj, kiuj servas kiel la defendaj armiloj de nia korpo. Ili atakas bakteriojn, virusojn, kaj aliajn danĝerajn invadantojn. Estas ja miliardoj da eventualaj antikorpoj, kiuj kvazaŭ ŝlosilo respondas al la ekzakta formo de sia "malamiko." Kiel tiom multe povas esti enkodigitaj en genoj?

Anstataŭ havi miliardojn da genoj por antikorpoj, la kromosomoj portas "ilaron" el kelkcent **partaj genoj.**

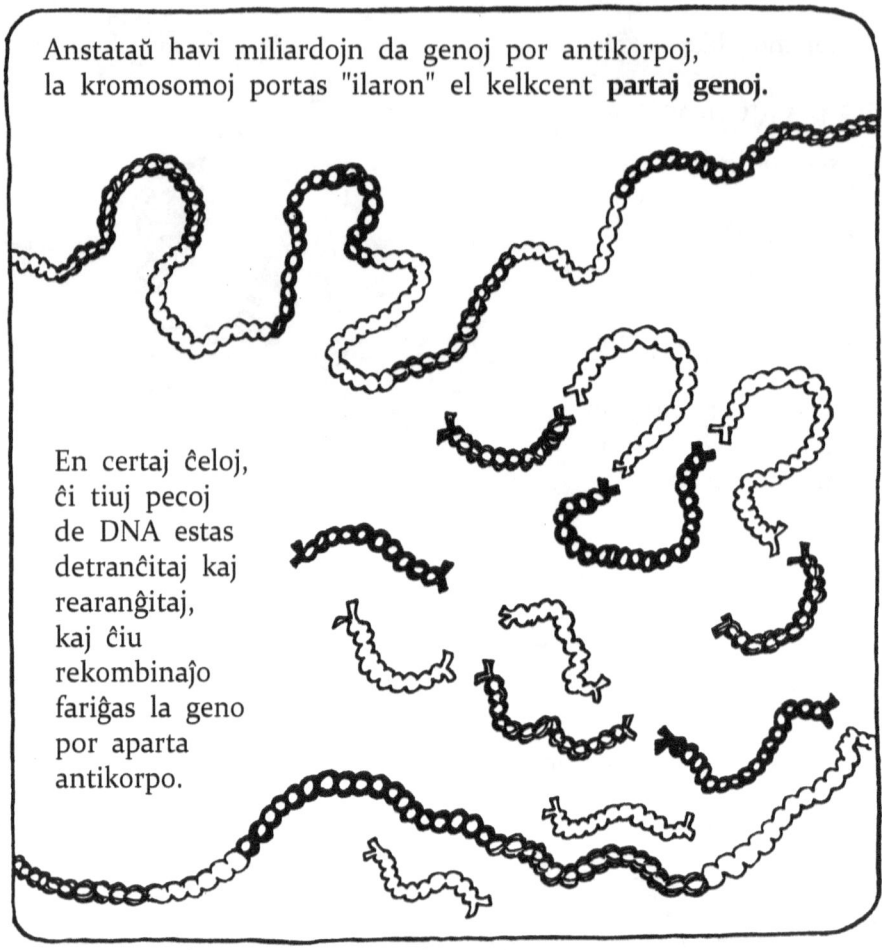

En certaj ĉeloj, ĉi tiuj pecoj de DNA estas detranĉitaj kaj rearanĝitaj, kaj ĉiu rekombinaĵo fariĝas la geno por aparta antikorpo.

Kiamaniere la organismo reguligas ĉi tiun procezon estas ankoraŭ enigmo, same kiel plej multaj aferoj de eŭkariota genreguligado. Ekzemple, la demando pri hemoglobino (p.163) restas sen respondo.

Estas klare, ke la flekseblaj genoj de eŭkariotoj fariĝos aktiva kampo de esploro en venontaj jaroj.

GENETIKA INĜENIERIO

Vivaj ĉeloj ne estas la solaj, kiuj kapablas rearanĝi genojn! Nun ankaŭ sciencistoj havas la forton.

... pli grandan forton ol biologoj jam konas...

Unue, oni nun povas **splisi** du pecojn de DNA en la provtubo — same kiel splisi filmon.

Hm··· Mi alligos "Neĝulino"-n al "Mazi en Gondolando."

Mi nomos ĝin "Neĝulino en Gondolando!"

La kombinaĵoj povas esti treege bizaraj. Plej ofte, homaj genoj estas alligitaj al tiuj de bakterio kiel kojlobacilo.

Kio vi estas — homo aŭ mikrobo?

Ĉi tio estas, kion vi nomas

REKOMBINITA
DNA

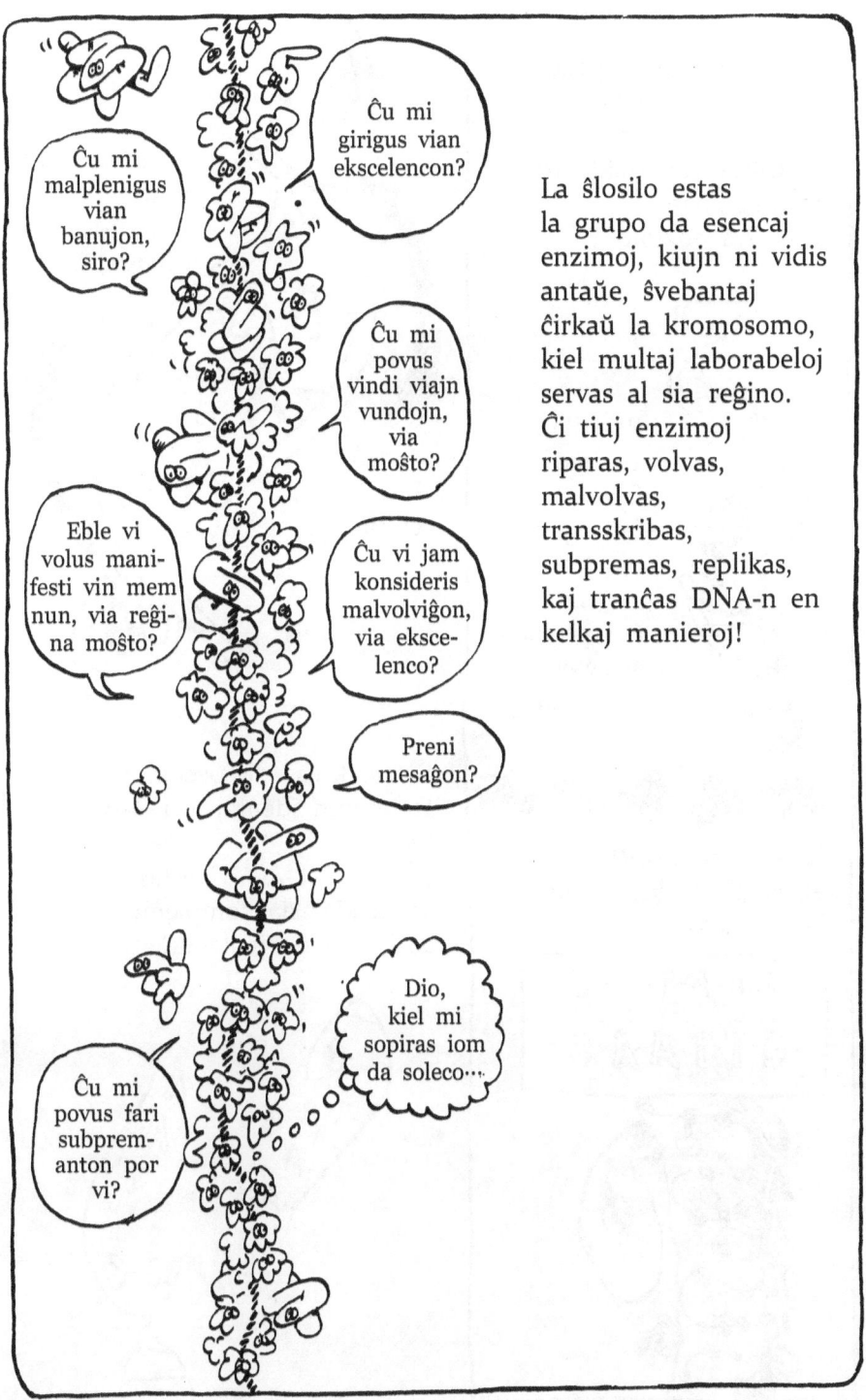

La ŝlosilo estas
la grupo da esencaj
enzimoj, kiujn ni vidis
antaŭe, ŝvebantaj
ĉirkaŭ la kromosomo,
kiel multaj laborabeloj
servas al sia reĝino.
Ĉi tiuj enzimoj
riparas, volvas,
malvolvas,
transskribas,
subpremas, replikas,
kaj tranĉas DNA-n en
kelkaj manieroj!

Gena splisado dependas de speciala speco de tranĉa enzimo nomata **restrikta endonukleazo,** aŭ mallonge, restrikta enzimo.

Restrikta enzimo faras "alternan noĉon" en DNA ĉe specifa sinsekvo de bazoj.

La enzimo *Eco*RI, ekzemple, rekonas nur la sinsekvon

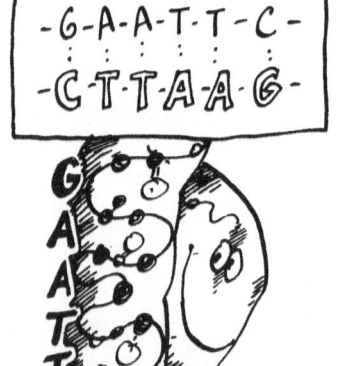

-G-A-A-T-T-C-
-C-T-T-A-A-G-

*Eco*RI tranĉas unu sukero-fosfatan ĉenon ĉi tie···

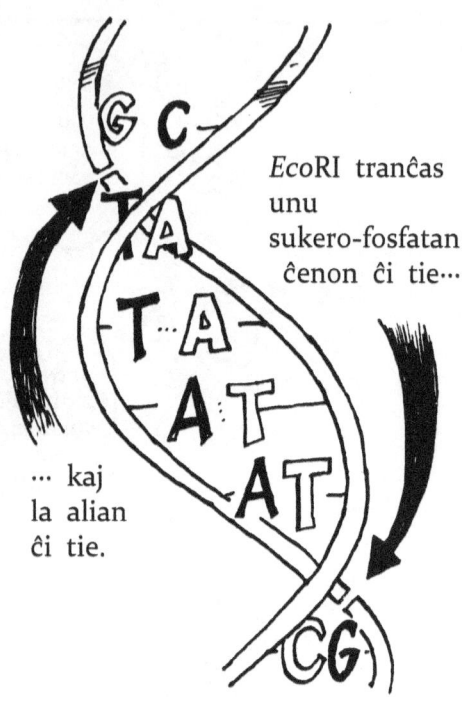

··· kaj la alian ĉi tie.

Ĉi tio kreas du pecojn de DNA kun identaj T-T-A-A "vostoj."
(Ĉar C-T-T-A-A-G estas sama kiel sia komplemento, se legata de malantaŭe!)

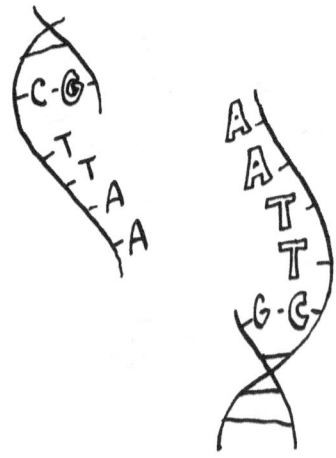

182

Kojlobacilo uzas *Eco*RI-on por dishaki "malamikan" virusan DNA-n, sed homoj utiligas ĝin por konstrua celo.

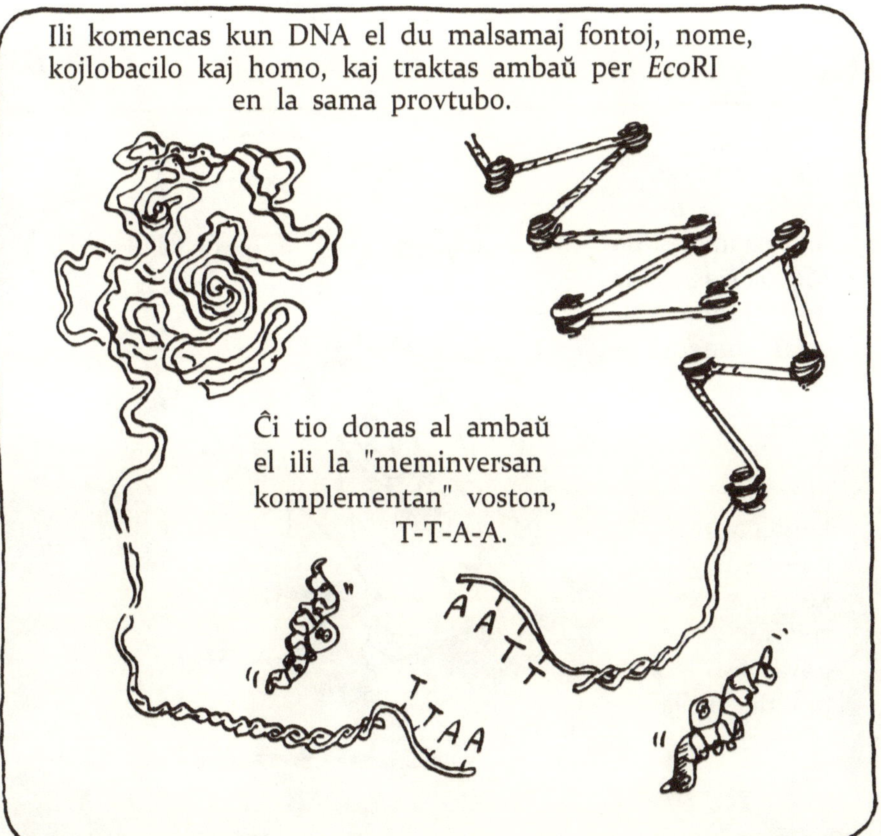

Ili komencas kun DNA el du malsamaj fontoj, nome, kojlobacilo kaj homo, kaj traktas ambaŭ per *Eco*RI en la sama provtubo.

Ĉi tio donas al ambaŭ el ili la "meminversan komplementan" voston, T-T-A-A.

183

La vostoj kunfiksiĝas kaj, post traktado per **ligazo**, enzimo kiu gluas noĉojn en la sukero-fosfata ĉeno, la **rekombinita DNA** estas kompleta!

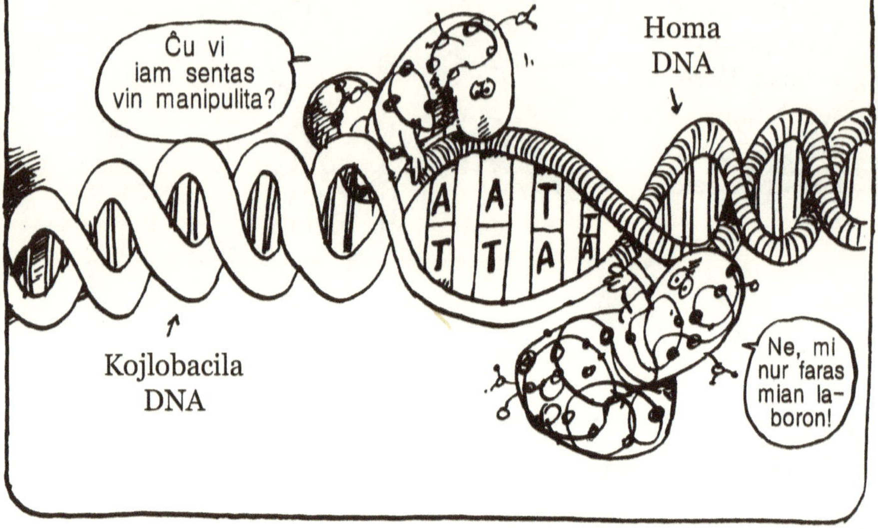

Ĉu vi iam sentas vin manipulita?

Homa DNA

Kojlobacila DNA

Ne, mi nur faras mian la-boron!

Kion vi povas fari per ĉi tiu hibrida molekulo? Kio okazas, kiam rekombinita DNA estas enmetita en vivulan sistemon?

Sub iuj kondiĉoj, montriĝis, ke gena splisado povas esti praktike utila.

Utila?

Praktike?

Kiel kurioze!

La tekniko nomiĝas

GENKLONADO

kaj ĝi funkcias jene:

Unue, elektu homan genon, kiu enkodigas iun utilan proteinon.

Bonŝance, **kojlobacilo** havas malgrandajn ringojn de DNA nomatajn **plasmidoj,** aparte de la kromosomo. Vi elektas plasmidon enhavantan la sinsekvon **G-A-A-T-T-C,** kaj forprenas ĝin el la bakterio.

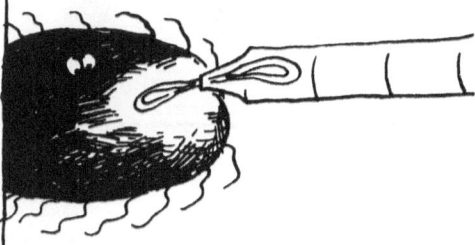

Ĉu troviĝas proteino, kiu sukcesigas vin en medicina lernejo?

Same kiel supre, vi **splisas** la homan genon en la plasmidon —

kaj remetas ĝin en kojlobacilon.

Por via bakteria DNA, vi bezonas ion, kio replikiĝos kiam ĝi reiras en la ĉelon — **"vektoro,"** tiel nomata.

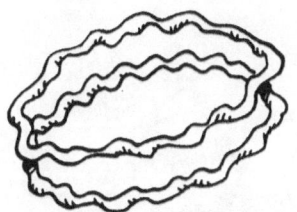

Mastro! Mastro! Fremdaj sinsekvoj! Kion fari?

Manifestu ĝin, kaj vidu kion ĝi volas!

Estu fruktodo- na kaj dividiĝu!

Nun vi nutras la bakterion kaj lasas ĝin reproduktiĝi.

La plasmido replikiĝas kune kun ĉio cetera en la bakterio.

En la daŭro de kelkaj horoj, ni povas havi miliardon da bakterioj en kelkaj gutoj da kulturaĵo — kaj **miliardon** da kopioj de la homa geno!

Se ni inkludas ankaŭ la taŭgajn reguligajn regionojn, la bakterioj manifestas la genon, kaj ni povas ekstrakti konsiderindan kvanton de la homa proteino. Mirakle!

Preĝu al Dio!

INSULIN

INTERFER

La procezo ŝajnas simpla — kaj principe ĝi estas.
Praktike ĝi povas esti plej komplika, sed la labaj homoj
solvis la plejmulton de tiuj praktikaj problemoj.
Ni povas nun kloni preskaŭ iun ajn genon, kiun ni volas···
kutime en kojlobacilo, sed ankaŭ en aliaj rapide kreskantaj
vivuloj, eĉ eŭkariotoj kiel **gistoj** —

> He! Mi ne nur
> plenumas la mini-
> muman ĉiutagan bezonon
> por vitaminoj A,B,C,D, kaj
> K, sed mi ankaŭ gustas
> kiel rostita anasido kaj
> preventas kanceron!

Pano de la estonteco!

Estas eĉ eble kloni genojn en homajn ĉelojn,
sed ĝis nun ĝi funkcias nur en telero, ne en reala homo.

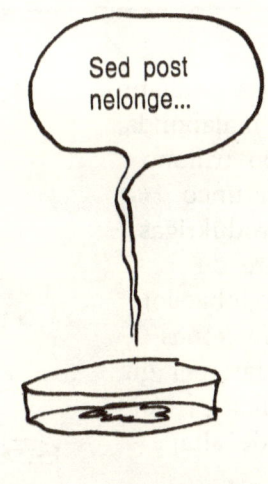

> Sed post
> nelonge...

Almenaŭ tri proteinoj nun produktataj per rekombinita DNA havas medicinajn eblecojn.

Homa kreskohormono
preventas unu specon de nanismo. Homoj, kies genetika konsisto alie farus ilin iom "mallongaj," povas kreski normale se adekvataj dozoj estas donitaj. Ĝis nun, postulo ankoraŭ superas provizon, sed ne "longe"!

Insulino, kiu disrompas sukeron en la sango, estis produktita de antaŭ longe per aliaj rimedoj··· sed nun devas fariĝi pli abunda, kaj eble pli malmultekosta, farante la vivon pli facila por diabetuloj.

Interferono,
la kontraŭvirusa batalanto, iam estis tiel malabunda, ke ĝi kostis po triliono da dolaroj por unco — Sed nun ĝi produktiĝas multkvante fare de trilionoj da kojlobaciloj. Malfeliĉe neniu konas precize, kion fari per ĝi, kvankam klinikaj provoj daŭras meze de altaj esperoj.

Subite, gensplisado fariĝis

GRANDA KOMERCO!

Ĝi estas la usona maniero!

ZUM–ZIMO
KRESKIGA INDUSTRIO

Logitaj de la perspektivo pri profitoj de proteinoj, **entreprenaj kapitalistoj** logis biologiajn profesorojn al nova speco de entrepreno: **la genetikinĝenieria kompanio.**

Vi estas samspecaj homoj kiel ni, profesoro —

Vi faras homan proteinon per etaj bakterioj. Ni faras riĉaĵon per mikroskopaj investoj...

En la universitato ĉi tio estas la kaŭzo de iom da zorgo.

Ĉu libera esploro estas ebla, se niaj malkovroj fariĝas komercaj sekretoj?

Ĉu malfermita esploro povas esti gvidata de la por-profita motivo?

Ĉu ni volas malpurigi niajn manojn per nura mono?

... kiu neniom malrapidigis la kreskon de industrio!

Kie mi mal-purigu miajn manojn?

Ĉi tio levis demandojn ankaŭ ekster la universitato.

Jes... Kie estas la ambulanco?

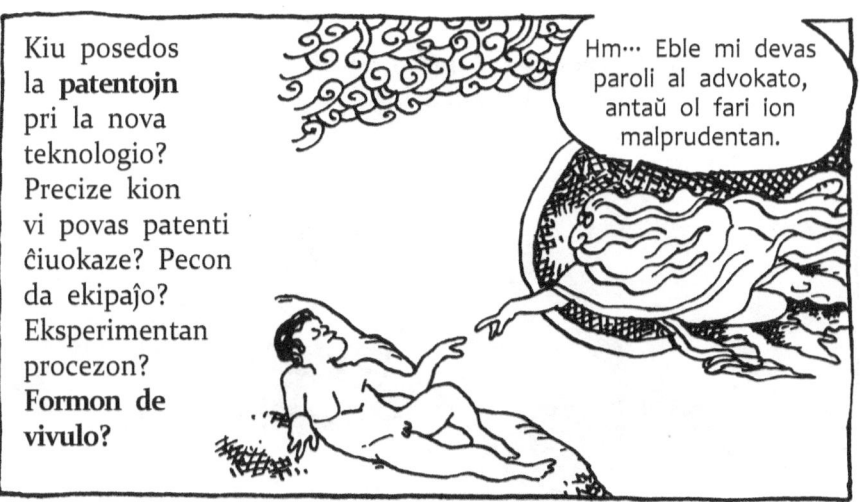

Kiu posedos **la patentojn** pri la nova teknologio? Precize kion vi povas patenti ĉiuokaze? Pecon da ekipaĵo? Eksperimentan procezon? **Formon de vivulo?**

Hm… Eble mi devas paroli al advokato, antaŭ ol fari ion malprudentan.

Ĉi tiu demando jam iris al la suverena kortumo, kiu dekretis, ke **nove inventitaj formoj de vivulo** povas esti patentitaj!

Iu ŝuldas al mi tantiemon kun valoro de tri miliardoj da jaroj!

Tiel la premado komenciĝas. Profesoroj akuzas unu la alian pri la uzo de la universitataj laboj por kompania komerco. Postuniversitataj studentoj trovas siajn projektojn ŝanĝitaj pro neniu evidenta kialo… kaj kompreneble estas la ĵaluzo.

Kial tiuj gensplisantoj fariĝas riĉaj, dum mi, malkovrinto de la sekskuniĝa ciklo de fiŝo, restas malriĉa?

Sed forgesu pri **mono**. Kio pri nia **sano?**
De la unuaj tagoj de genetika inĝenierio,
homoj maltrankviliĝis pri bredaj **monstroj**
en la labo!

La timo estis, ke la manipulado de kojlobacila DNA povus
krei hazarde superdanĝeran mikrobon.

Memoru, ke
kojlobacilo vivas
en la homa intesto.
Se virulenta stamo
eskapus el la labo,
neeblus haltigi ĝin!
Kiu pensus, ke
la monstro de
Frankenstein
aspektas kiel ĉi tio?

Grunt

Sekve sciencistoj laŭvole adoptis gvidliniojn por limigi
eventualajn danĝerojn.

Dungitoj devas
lavi manojn post
genkombinado.

De post la unuaj
tagoj, la timo
paliĝis. Ankoraŭ
estas neniu signo
de problemo!

La plej kuraĝiga estas ĉi tio: la stamo de kojlobacilo kutime
uzata por kloni genojn tiel "malsovaĝiĝis" dum siaj jaroj
en la labo, ke ĝi ne povas postvivi plu en la homa intesto!

Tial~

Eble troviĝas nenio por zorgi··· kvankam estas vere, ke
la protektoj adoptitaj de universitatoj ne ĝenerale aplikiĝas
al privataj kompanioj!

Tio, kio estas multe pli probabla,
estas ke iu **intence** faros mortigan
mikrobon. Ĉu vi demandas,
kiu volus fari tion?

Estas konate, ke la generaloj uzas novan
teknologion por milita celo, kaj ili kutime
trovas sciencistojn por devigi···

Ni povas iom konsoliĝi
pro la fakto, ke biologia
militado estas
malpermesita de internacia
traktato, sed vi neniam
konas···

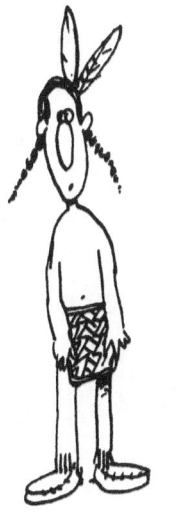

Mi diru
al vi pri
rompitaj
traktatoj!

Ĝi estas politika
demando levita pro
scienca progreso
— konata fakto de
20a-jarcenta vivo.

Ĉu ĉi tiu ebleco de danĝero
signifas, ke gensplisado devas
esti ĉesigita? Preskaŭ sen
escepto, la biologoj diras "Ne."
Kial rifuzi la medicinajn
progresojn kune kun la militaj
uzoj?

Krome, la venenoj, kiuj povas esti faritaj ĉimaniere,
estas verŝajne ne pli malbonaj ol tiuj jam ekzistantaj,
dum medicinaj progresoj promesas esti vere **revoluciaj.**

Antaŭen!

Jes...
Ni konstatu
nian homan
eblecon...

Post Ne Longe

Ĝis nun la sukcesoj en ĉi tiu kampo venis en virusoj, bakterioj, gistoj, kaj vegetaĵoj, sed ni multe alproksimiĝis al la laboro rekte sur **homoj**.

Fi!

Homoj?

Naŭzaj!

Kiam ili faras testojn sur homoj, sciencistoj devas apliki **malsaman normon** ol tiu reganta eksperimentojn sur bestoj aŭ bakterioj.

Nome, ĝi devas fari ion bonan por la subjekto!

Tio estas, kial ni scias tiom multe pri tio, kio kaŭzas kanceron en **ratoj**. Kiel vi povus fari eksperimenton por trovi la kaŭzojn de kancero en **homoj**?

Petu por volontuloj?

Alidire, eksperimentoj sur homoj levas debaton, kies bona ekzemplo estas lastatempaj klopodoj por kuraci **talasemion.**

Kiel vi rememoras, ĉi tiu kondiĉo estas nekapabla fari **hemoglobinon,** kaŭzata de erara "halto"-kodono en la mezo de la geno por unu el ĝiaj ĉenoj.

Talasemiaj viktimoj povas suferi de anemio, osta deformaĵo, kaj koraj problemoj. Ili bezonas oftajn sangotransfuzojn por postvivi, kaj eĉ tiam ili ne vivas longe.

Kun la sukceso de rekombinita DNA, kuracistoj komencis esperi, ke la malsano povos kuraciĝi per splisado de **bona** geno en homan kromosomon.

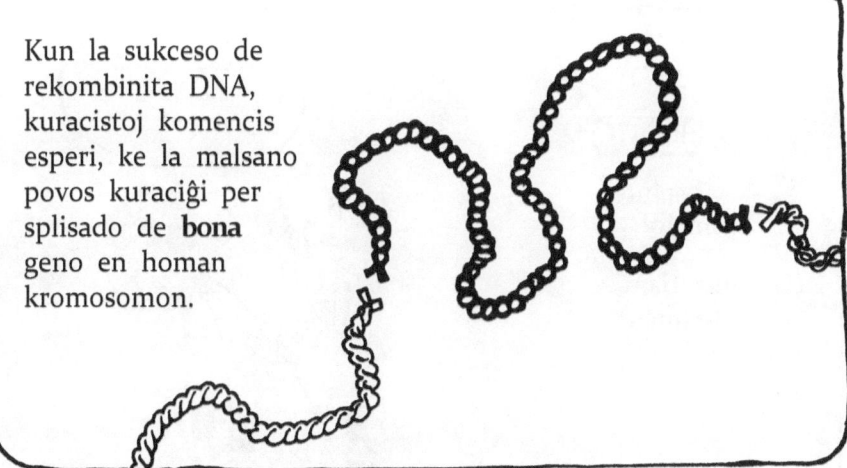

Ŝajnas bone, krom tio, ke la sama alproksimiĝo jam ripete malsukcesis en musoj. Skipo da kuracistoj de UCLA, tamen, decidis provi tion sur homoj ĉiuokaze!

Ili forigis medolajn ĉelojn el femurostoj de du pacientoj. (Memoru, ke ĉi tiuj ĉeloj disvolviĝas en hemoglobino-produkt antajn ruĝajn sangoĉelojn.)

Bona hemoglobina geno estis ensplisita.

Poste la "manipulitaj" ĉeloj estis ree enmetitaj.

La femuro estis surradiita por malrapidigi la malnovan medolon (kaj por doni al la novaj ĉeloj la avantaĝon).

KAJ LA REZULTO?

 Absolute **nenio!**

(De post tiam, la eksperimento sukcesis — en musoj.)

(Suspiro) Nu, foriras la eksperimento...

Kaj la paciento...

La kuracistoj ricevis multe da atakoj pro ĉi tiu eksperimento.

Kelkaj objetoj leviĝis:

Ne eĉ parto de la procezo iam sukcesis en bestoj. Ankoraŭ estis tute ne klare, kiel enmeti homan hemoglobinan genon en mamulan ĉelon tiamaniere, ke ĝi manifestiĝu iom ajn.

Reguligado en mamuloj estas ankoraŭ krepuska.

La eksperimento estis **malaprobita** de la UCLA-komitato pri la uzo de homaj subjektoj. Tamen, ĝi estis jam aprobita de la du hospitaloj, kie ĝi efektiviĝis (en Italujo kaj Israelo).

La **surradiado** certe ne helpis la pacientojn. Aliflanke, ili ambaŭ sufiĉe komprenis, kio estis farota, kaj ili donis sian konsenton.

Ĉu ili estis ekkaptantaj pajlerojn?

Poste la kuracistoj estis discipline punitaj. Unu el ili perdis sian pozicion kiel fakestron. Vi vidas do — surhomaj eksperimentoj povas esti danĝeraj!

Danĝeraj al kuracistoj, tio estas!

Tamen, ĉi tiu estas verŝajne la maniero, per kiu la unuaj genetikaj terapioj plenumiĝos, ĉar osta medolo estas la plej facila histo por transplanti.

Troviĝas kelkaj malsanoj, kiuj povos esti kuracitaj ĉimaniere:

Talasemio, kompreneble, kvankam la UCLA-sperto montras, ke ĝi ne estos facila.

Serpoĉela anemio estas hemo-globina anomalio afekcianta ĉefe nigrulojn. Ĉi tio estos eĉ pli malfacila, ĉar la mutacia geno estas kundomina, ne recesiva.

Hemofilio, pro la manko de sanga proteino, eble estos la plej facila por kuraci!

Kaj estas **imunmankecaj malsanoj** kaŭzataj de recesivaj genoj en osta medolo. Nuntempe, homoj kun ĉi tiuj malsanoj devas vivi en izolaj ĉambroj mikrobomankaj.

Kompreneble estas malpli da restriktoj al vegetaĵaj kaj bestaj eksperimentoj ol al homaj.
(Parenteze, ĉi tio ĉagrenas iujn homojn.)

Fonduso por Animala Leĝa Defendo

Fonduso por Planta Leĝa Defendo

Fonduso por Minerala Leĝa Defendo

Tial, progreso estis pli rapida inter vegetaĵoj kaj bestoj. Jam estas rasoj de kotono, tomato, kaj tabako kun aldonita bakteria geno, kiu faras ilin venenaj kontraŭ insektoj.

Bonŝance tabako estis jam venena kontraŭ homoj...

Sciencistoj ekscitiĝas pri **transgenaj** animaloj — animaloj, kiuj enhavas kelkajn genojn de alia specio.

Mi havas plej strangan sopiron por vesperman-ĝo...

Unu ekzemplo estas porkoj kun bova kreskohormono. Ili kreskas pli rapide kaj malgrase, sed ankaŭ havas aliajn problemojn, kiel ulcerojn kaj artriton. Tial vi devos ankoraŭ atendi tiun "borkan" kotleton.

Mi protestos!

Transgenaj plantoj kaj animaloj povas transdoni siajn novajn genojn al sia idaro, ĉar la genoj estas enmetitaj ĉe tre frua stadio de disvolviĝo, kio ebligas ilin eniri en spermatozoajn kaj ovolajn ĉelojn. Sekve, plenumado de eksperimentoj sur homoj levos malfacilajn etikajn demandojn.

> Vi ne bezonas fari la bebon perfekta — nur pli bona ol aliaj...

Sed ni alproksimiĝas. Jam estas vivantaj "provtubaj beboj" — fekundigitaj en provtubo kaj poste, post kelke da ĉeldividiĝoj, enplantitaj en la patrinan uteron, kie ili disvolviĝis nature.

> He, panjo! Kiel vi fartas?

Kion la monaĥo Mendelo dirus pri **ĉi tio?**

> Mi dirus, "Ne faligu tiun provtubon!"

La evidenta sekva
paŝo estos manipuli
la embrion
en la provtubon.

Ĉi tio povos ampleksi
de **genterapio** — kuraci
specifajn difektojn —
ĝis ··· Kiu konas kion?

Ekstreme, ebliĝos **kloni homojn.** La ova nukleo estos
forigita entute kaj anstataŭigita per nukleo el alia virino.

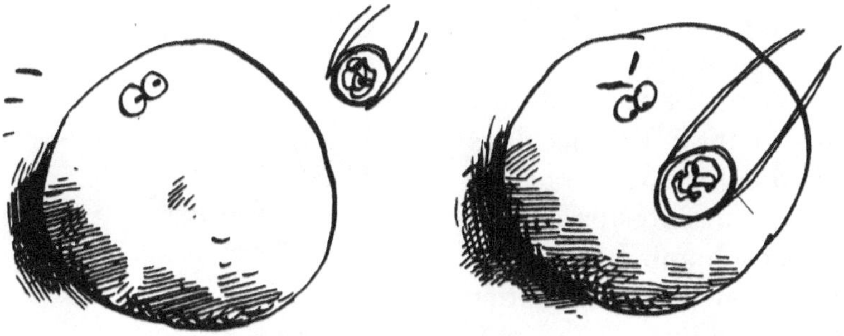

La ovo estos
enplantita
en
"patrinon,"
al kiu ĝi
ne rilatas
genetike.

Anstataŭe,
la malgranda
bebo estos
genetike
identa kun
iu ajn —
aŭ io ajn —
kiu donacis
la nukleon.

Ŝajnas nekredinda?
Nu, sciencistoj jam sukcesis kloni musojn kaj ranojn…

La tekniko ebligas fari multoblajn kopiojn de
vivantaj individuoj! Ĉu ĉi tio estas kion ni
volas, mondo de klonuloj?

Ni · vidas · nenion ·
malbonan · en · tio!

Eble vi povos demandi: kiu
estos klonita? Kiu decidos?
Ĉu tio estos bazita nur sur
mono? Ĉu tio estos laŭleĝa?
Ĉu estos **hombredistoj**
selektantaj la plej "adaptitajn"
por reproduktado?

Staru flanken,
malfortuloj!

En la lasta tempo, kiam iu
provis bredi mastran rason,
ĝi estis malfeliĉa sperto,
por diri malpleje…

Aŭ eble ni estas tro **malgajaj.**

Eble la estonteco estos glora tempo, kiam homoj estos manipulitaj por sidi bone al vestoj anstataŭ inverse!

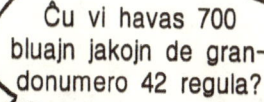

Ĉu vi havas 700 bluajn jakojn de gran-donumero 42 regula?

Ni povas bredi homojn, kiuj povas porti pikkalkanumajn ŝuojn komforte, aŭ kiuj havas rozkoloran hararon!

Cervo-luintaj!

Eble ni eĉ povos kloniĝi por rezisti al ekologia katastrofo, kiel la forkonsumo de atmosfera ozono!

Ni pligrandi-gos la nombron de genoj por haŭta pigmento por elkribri kosmoradiojn — Jes, ni inventos nigrulojn!

Diru...

Estas ne nur niaj propraj genoj, pri kiuj ni bezonas zorgi. Estas ankaŭ la **gena diverseco** de la tuta planedo. (Ĝi aspektas kiel giganta ĉelo, ĉu ne?)

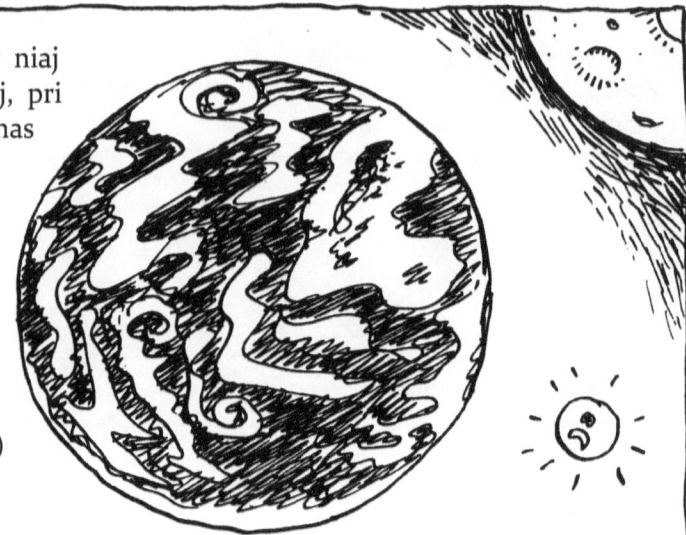

Tio apenaŭ estas novaĵo, ke ĉiuj vivuloj estas interdependaj. Gorilo manĝas bananon; banano manĝas kemiaĵojn el la tero; iuj el la kemiaĵoj venas tien per bakteria agado; aliaj bakterioj helpas la digeston al gorilo; ankoraŭ aliaj disrompas ĝiajn ekskreciajn produktaĵojn, ktp, ktp, ktp.

ŜED' NI HOMOJ,

kun nia eksploda loĝantaro, forkonsumo de naturaj rimedoj, moderna agrikulturo, kaj polucio, estas ŝanĝantaj la naturmedion tiel draste, ke centoj da vegetaĵaj kaj bestaj specioj malaperas ĉiun jaron.

Tio signifas, ke pli kaj pli malmulte da diferencaj genoj restas en la biosfero. Se ili foriras, ili foriras por ĉiam!

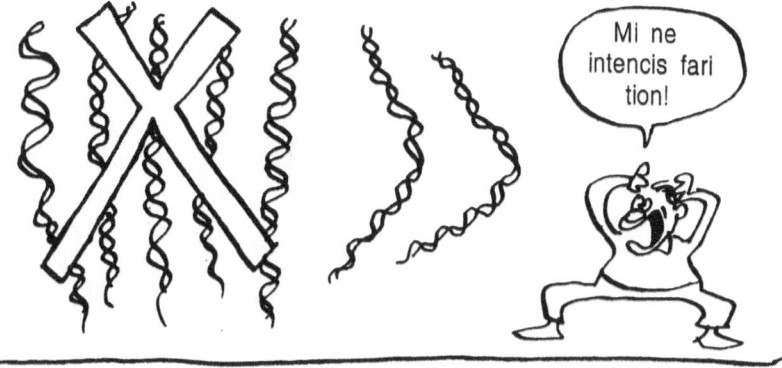

Mi ne intencis fari tion!

Ĉi tio pli kaj pli minacas vivon entute. Ekzemple, se estas nur 5 specoj de pomo, ĉiuj el ili povos ekstermiĝi fare de viruso aŭ malsano, dum, se estas 50 varioj, ŝancoj estas pli bonaj, ke iuj el ili estos rezistaj kaj postvivos.

Kiel vi ŝatas pomojn?

Kelkaj landoj alfrontas ĉi tiun problemon, savante tiel multajn vegetaĵojn kiel eble per la kolektado de iliaj semoj.

Malfeliĉe, troviĝas neniu maniero tia por savi bestojn.

Eble genetika inĝenierio povos helpi kreante novajn kombinaĵojn, sed ĉi tio estas ankoraŭ en la estonteco.

Aliflanke, la eblecoj por genetika inĝenierio estos limigitaj de la limigita nombro de aleloj restantaj por rekombino.

Ni trovas nin alfrontitaj de niaj propraj imponaj fortoj. Unuflanke, ni frontas al la blinda forto, kiu nudigas arbarojn, erozias la grundon, ŝanĝas marĝenan bienteron al dezerto, kaj forkonsumas la sanan diversecon de la genprovizo.

Aliflanke, ni devas trakti
la kreskantan forton de genetika
inĝenierio. Ĝi promesas — aŭ
minacas — ŝanĝi la karakteron de
homeco mem. Ĝi levas demandojn,
kiujn ni apenaŭ havas vortostokon
por diskuti, multe malpli sociajn
kaj politikajn instituciojn por decidi.

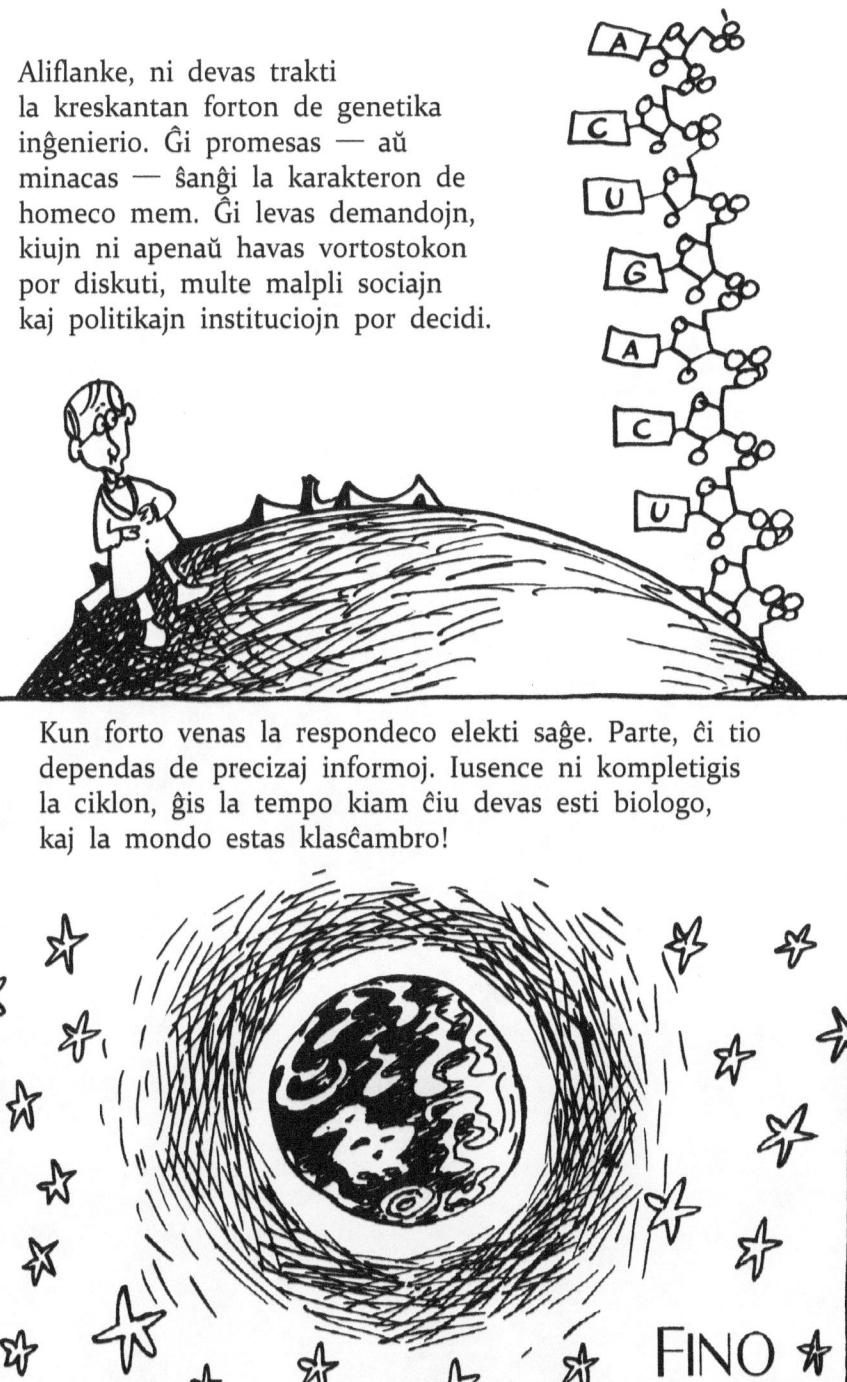

Kun forto venas la respondeco elekti saĝe. Parte, ĉi tio
dependas de precizaj informoj. Iusence ni kompletigis
la ciklon, ĝis la tempo kiam ĉiu devas esti biologo,
kaj la mondo estas klasĉambro!

FINO

NEOLOGISMOJ KAJ KLARIGOJ

Listo de vortoj kaj esprimoj, kiuj ne troviĝas en la Plena Ilustrita Vortaro 2020. Numero en parentezo estas la paĝo, en kiu la termino aperas la unuan fojon. Vorto en kursivaj literoj ĉe la fino de ĉiu klarigo estas respektiva angla traduko. Kelkaj el tiuj terminoj, kies signifo estas komprenebla en la teksto, povas ne listiĝi ĉi tie.

Atenuado Reguliga mekanismo uzata en bakteriaj operonoj por certigi konvenajn transskribadon kaj tradukadon (172) *attenuation*

Melŝafo Ŝerce fabrikita vorto analoge kun la melhundo, kiu havas mallongajn krurojn (34)

Semlakto Nutra histo en semo. = endospermo (38) *endosperm*

Serpoĉela Anemio Anemio ŝuldata al serpo-formaj eritrocitoj pro neordinaraj hemoglobinoj (53) *sickle-cell anemia*

Splisosomo Strukturo konsistanta el RNA kaj proteino, kiu plenumas la splisadon de nuklea antaŭ-mRNA (147) *spliceosome*

Ŝaperono Proteino, kiu faciligas la ĝustan faldiĝon de alia proteino (129) *chaperone*

Talasemio Speco de anemio kaŭzata de neordinaraj hemoglobinoj (53) *thalassemia*

Tetrado Kvaropo da kromosomoj (pliguste kromatidoj), kiu formiĝas el duplikatigitaj homologaj kromosomoj dum mejozo (63) *tetrad*

Transpozazo Enzimo, kiu katalizas la moviĝon de transpozono al alia loko en DNA (176) *transposase*

Transpozono Parto de DNA, kiu povas moviĝi de unu pozicio de DNA-molekulo al alia (177) *transposon*

INDEKSO

213

www.ingramcontent.com/pod-product-compliance
Lightning Source LLC
Chambersburg PA
CBHW030004190526
45157CB00014B/416